Wilson Peñaherrera
Wilmer Cunuhay

SERVICIOS DE LOCALIZACIÓN BASADA EN RFID PARA GESTIÓN DE INVENTARIOS

Wilson Peñaherrera
Wilmer Cunuhay

SERVICIOS DE LOCALIZACIÓN BASADA EN RFID PARA GESTIÓN DE INVENTARIOS

RFID para inventarios

Editorial Académica Española

Imprint
Any brand names and product names mentioned in this book are subject to trademark, brand or patent protection and are trademarks or registered trademarks of their respective holders. The use of brand names, product names, common names, trade names, product descriptions etc. even without a particular marking in this work is in no way to be construed to mean that such names may be regarded as unrestricted in respect of trademark and brand protection legislation and could thus be used by anyone.

Cover image: www.ingimage.com

Publisher:
Editorial Académica Española
is a trademark of
Dodo Books Indian Ocean Ltd. and OmniScriptum S.R.L publishing group

120 High Road, East Finchley, London, N2 9ED, United Kingdom
Str. Armeneasca 28/1, office 1, Chisinau MD-2012, Republic of Moldova, Europe
Managing Directors: Ieva Konstantinova, Victoria Ursu
info@omniscriptum.com

Printed at: see last page
ISBN: 978-620-0-03689-6

SERVICIOS DE LOCALIZACIÓN BASADA EN RFID PARA GESTIÓN DE INVENTARIOS

AUTOR:

ING. MGS. WILSON PATRICIO PEÑAHERRERA ACURIO

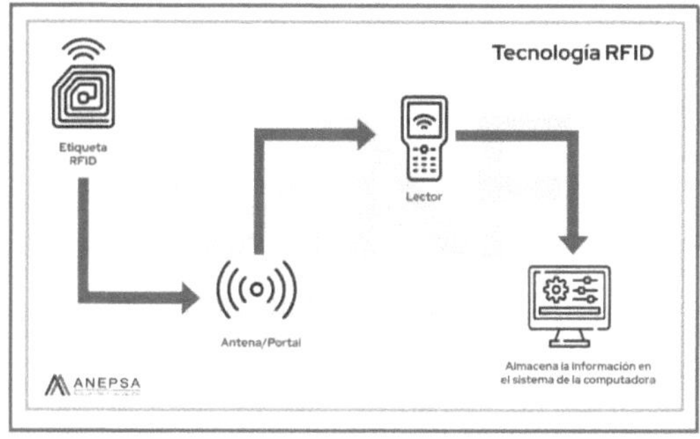

Febrero - 2025

ÍNDICE GENERAL

ÍNDICE DE GRÁFICOS

RESUMEN EJECUTIVO

Los servicios de localización utilizando tecnologías inalámbricas no es un tema nuevo más bien son herramientas que permiten mejorar procesos con el fin de mejorar la operatividad en las Instituciones, al dotar de esta tecnología se busca ayudar a la Universidad a corregir las falencias actuales en el manejo de inventarios.

La propuesta de solución al problema planteado en la parte inicial de este trabajo investigativo esencialmente consiste en dotar a la Universidad Técnica de Cotopaxi Extensión La Maná de un sistema que permita mejorar la gestión operativa de los inventarios mediante el uso de tecnologías inalámbricas como el Rfid. Esta investigación permitirá unir los diferentes departamentos aislados, en este momento se puede señalar que se debe complementar con varios aspectos relacionados al correcto uso y aplicación de esta tecnología.

Se deduce que a más del diseño e implementación de este trabajo de investigación, el mismo debe disponer de algunas estrategias tecnológicas relacionadas a capacitar a los empleados de la Institución y demás personas que utilizarán dicha propuesta. A más de ello se debe tratar de difundir una cultura en la Universidad tanto a Docentes, empleados y alumnos sobre la importancia de mejorar los procesos con el objetivo de utilizar tecnología nueva que garantice confiabilidad y rapidez en los procesos que en la actualidad se realizan de forma manual lo que trae molestias y demoras innecesarias.

ABSTRACT

A LAN is a group of interconnected computers in order to share information, a type of network linking organizations that are at distances of no more than 100m.

The proposed solution to the problem in the initial part of this research work is essentially missing networks complement the general system of data communication that currently has Babahoyo Township. A complementary networks that join different departments isolated at this time we can say that it should be complemented with various aspects related to securities in networks.

It follows that design over wired and wireless links, they must have some technological strategies related to security checks as unauthorized access and even viruses. More than this you should try to spread a culture of user-level security, on their own computers

INTRODUCCIÓN

Antecedentes de la investigación.-

Realmente no se han encontrado trabajos que tengan que ver directamente con este trabajo, lo cual hace entender que este es un tema novedoso y de muy poco estudio.

Lo que se pudo encontrar en la investigación preliminar realizada son las siguientes tesis de pregrado de otras universidades que tienen que ver con Servicios de Localización y tecnología Rfid, entre ellas podemos mencionar las siguientes:

Tema: "Diseño e implementación de un sistema basado en la tecnología rfid para el control de inventario de la empresa Milboots"

Autor: Ing. Javier Marcelo Lara Galarza

En este trabajo de grado se puede apreciar como aspecto novedoso la inclusión de una metodología Rfid para el control de inventarios de la empresa en mención.

Tema: "Desarrollo e implementación de un sistema para el control e inventario continuo, utilizando tecnología rfid, para la biblioteca de la UPS sede Guayaquil."

Autores: Ing. David Chang Falconí e Ing. Alan Lozano Solis

En cambio de este trabajo se puede concluir que el uso de tecnologías Rfid mejoran notablemente el control de entrada y salida de los recursos materiales de la Institución, mejorando su operatividad.

Planteamiento del Problema.-

A nivel general muchas Empresas e Instituciones a nivel mundial de carácter pública la cual desde hace tiempo vienen teniendo problemas con respecto al control, registro y ubicación de material lo que dificulta el desarrollo de las actividades diarias y retrasa considerablemente la gestión operativa de la misma.

Los materiales y recursos con que cuenta las Instituciones no poseen en la actualidad ningún tipo de control en su manejo es por eso que la problemática es frecuente en pérdida de los mismos incluso el personal cuando es necesitado muchas veces se desconoce su ubicación exacta dentro de la misma.

Actualmente en el Ecuador, la educación está pasando por un cambio importante en el cual demanda nuevas exigencias en todos los aspectos, especialmente tecnológico, con el fin de innovar y mejorar su entorno por lo que es fundamental la incorporación de nuevas tecnologías, que permitan dar un seguimiento y control del recurso material y humano; lamentablemente la falta de presupuesto y de una política real a significado continuar con los métodos antiguos y obsoletos de localización lo que mermando el potencial que ofrece la tecnología en la búsqueda de un mejoramiento sustancial en las actividades diarias de la Institución.

Dichas Instituciones en cuanto al manejo de inventarios se refiere ha venido trabajando de manera manual, ya que no cuenta con un sistema automático para respectivo manejo y control, lo que hace que los procesos se realicen de una forma muy lenta.

Actualmente las Instituciones se hallan muy empeñados en cumplir una tarea modernizadora en su infraestructura, la misma que implica una mejora en la gestión operativa, pero durante esta labor se ha podido observar algunas dificultades relacionadas con el aspecto tecnológico, entre ellas podemos señalar:

- Necesidad de algún mecanismo que permita mejorar la gestión operativa entre todas las dependencias de la Institución.

- No se ha explotado avances tecnológicos como el Rfid.

- El proceso actual se lo realiza de manera manual, lo que produce demoras y errores frecuentes

- Se hace difícil el control de los materiales dentro y fuera del edificio principal.

- Han existido muchas pérdidas de equipos por la falta de una adecuado control de los mismos.

Formulación del Problema.-

¿Cómo optimizar el uso de los servicios de localización para mejorar la gestión operativa de inventarios?

Delimitación del Problema.-

Objeto de estudio: Procesos Informáticos.

Campo de Acción: Programación de Sistemas.

Identificación de la línea de investigación

El presente trabajo investigativo se enmarca en la línea de investigación denominada: Desarrollo de Software y Programación de Sistemas.

Objetivos

- **Objetivo General**

  ✓ Implementar servicios de localización mediante tecnologías inalámbricas para mejorar la gestión operativa de inventarios.

- **Objetivos Específicos**

  ✓ Fundamentar bibliográficamente los referentes teóricos para el diseño de servicios de localización utilizando tecnologías inalámbricas y además la gestión operativa.

  ✓ Diagnosticar el grado de incidencia que tienen las tecnologías inalámbricas en la gestión operativa de inventarios

  ✓ Establecer los componentes y las herramientas necesarias para la implementación de servicios de localización con tecnología inalámbrica

Idea a defender

La optimización del uso de servicios de localización en las empresas mediante la aplicación de Servicios basados en tecnologías inalámbricas, que contribuirá a mejorar la gestión operativa en la Institución.

Justificación

Las Instituciones públicas en el Ecuador están en un proceso de modernización, en este proceso la tecnología informática y sobre todo la gestión operativa juega un papel muy importante, esto quiere decir que realmente muchas de las actividades operativas que lleva a cabo la entidad están apoyadas por el control de inventarios. Del planteamiento del problema se deduce que la Institución no cuenta con ningún sistema automático para dicho control y por ende no pueden brindar determinados servicios de manera ágil y rápida.

La realización de este trabajo investigativo permitirá dotar a las Instituciones de las herramientas necesarias para poder solucionar los problemas con respecto al control de inventarios de activos materiales dentro de la Institución, problemas que constantemente ha causado malestar e inconvenientes en la parte operativa de la misma, dicha solución generará los siguientes beneficios:

- Facilidad para controlar inventarios de materiales, esto agilitará el servicio de los empleados hacia los alumnos.
- Permitirá un cambio radical al manejo operativo interno de los recursos de inventarios permitiendo tecnificar y modernizar estos recursos con las herramientas propuestas.
- Lo problemas actuales se mejoraran considerablemente.
- La Institución optimizará el manejo de recursos que se harán de una manera más rápida y efectiva.
- Se mejorará la gestión operativa tanto a nivel interno y externo

Por todos estos beneficios se justifica plenamente la realización de este trabajo investigativo.

Metodología investigativa

Específicamente se han aplicado dos tipos de investigación que son:

Bibliográfica.- Consiste en la recopilación de información existente en libros, revistas e internet, este tipo de investigación permitió la elaboración del marco teórico referido especialmente a Servicios de localización, tecnologías inalámbricas y más, el mismo que fundamenta científicamente la propuesta de solución.

De campo.- Se utilizó para diagnosticar y ratificar la problemática expuesta inicialmente, esta fue llevada a cabo en el sitio mismo donde se tienen las manifestaciones del problema, las técnicas para la recopilación de información fueron la encuesta y la entrevista, las encuestas fueron realizadas tanto empleados de la Institución (usuarios internos) como a los estudiantes y docentes de la Institución (usuarios externos); mientras que las entrevistas se las realizo al Coordinador General de la Universidad. Los instrumentos asociados a las técnicas para recopilar informaciones antes mencionadas fueron el cuestionario y la guía de entrevista.

Resumen de la estructura del libro

El presente libro está estructurado en cuatro secciones perfectamente diferenciadas que son:

La introducción que recoge aspectos importantes como los antecedentes investigativos, el planteamiento del problema enfocado a la carencia de un sistema de control de inventarios en la Universidad, los objetivos orientados a implementar el sistema y más.

El marco teórico que fundamenta científicamente la propuesta de solución, este marco teórico engloba aspectos concernientes a servicios de localización, tecnologías inalámbricas rfid, y la gestión operativa.

El marco metodológico que recoge los resultados de la investigación de campo, en el, se plasman las encuestas y sus resultados ratifican los síntomas de la problemática, así como también orientan a la solución.

Finalmente, el desarrollo de la propuesta donde se estructura el diseño e implementación del sistema para la Institución Universitaria.

Novedad científica, aporte teórico y significación práctica

El desarrollo de la informática, y la necesidad de poder realizar controles de materiales en una institución mediante herramientas más rápidas y eficientes han permitido que estos elementos se constituyan en partes fundamentales del funcionamiento de una empresa moderna, sea esta pública o privada. La orientación de brindar servicios de este tipo es muy útil para los usuarios.

Como novedad científica de este trabajo investigativo se puede señalar la aplicación de diversas metodologías entre ellas la que destaca es la implementación de tecnologías inalámbricas como Rfid que es una tecnología que se encuentra muy desarrollada y su uso es muy general y fácil de utilizar garantizando un adecuado funcionamiento y constante actualización.

El aporte teórico de esta tesis tiene que ver con la fundamentación de algunas técnicas relacionadas a implementar control de inventarios, tecnologías inalámbricas y servicios de localización.

La significación práctica tiene que ver con el análisis y diseño de las diferentes configuraciones de los equipos especialmente los electrónicos como el lector Rfid que se proponen en los elementos que complementan el sistema.

CAPÍTULO I

1. MARCO TEÓRICO

1.1 Tecnologías Inalámbricas

1.1.1 Definición de tecnología inalámbrica

(Barrios, 2010) Emite la siguiente definición: "El término "inalámbrico" hace referencia a la tecnología sin cables que permite conectar varias máquinas entre sí. Las conexiones inalámbricas que se establecen entre los empleados remotos y una red confieren a las empresas flexibilidad y prestaciones muy avanzadas. Se mide en Mbps. Un Mbps es un millón de bits por segundo, o la octava parte de un MegaByte por segundo - MBps. (Recordemos que un byte son 8 bits)".

1.1.2 Tipos de tecnologías inalámbricas

(Fernandez, Ordieres, & Martínez, 2009) Señalan lo siguiente: "Las tecnologías inalámbricas pueden clasificarse en cinco grandes grupos, de acuerdo con la distancia que viaja cada tipo de señal. Primero están las comunicaciones satelitales, como el sistema de posicionamiento global (GPS, por sus siglas en inglés), formado por 24 satélites manejados por las fuerzas armadas de Estados Unidos, las cuales envían constantemente señales a dispositivos en tierra. Sin embargo, estas señales sólo viajan del satélite al aparato receptor.

Otra categoría, y con señales de dos vías, están las tecnologías de telefonía celular de cobertura amplia como GSM y CDMA. Entre las versiones avanzadas de 'tercera generación' (3G) destacan HSDPA y LTE, desarrolladas por la industria de los celulares. Un contendiente prometedor es WiMax, tecnología basada en los estándares de Internet con respaldo de la industria informática.

Una tercera categoría incluye señales de menor alcance utilizadas para conectar dispositivos dentro de una habitación o un edificio, como los sistemas Wi-Fi para conectarse a Internet dentro de hoteles o aeropuertos, o Zigbee, protocolo de comunicaciones inalámbricas que sirve para interconectar sensores.

En cuarto lugar están los protocolos para enlazar dispositivos en una "red de área personal" (PAN, personal area network). Por ejemplo Bluetooth, utilizado para enviar la señal del teléfono celular a un auricular inalámbrico.

El último tipo de comunicaciones son las que se dan cerca de una antena transmisora (NFC, near-field communications). En este caso, el dispositivo receptor debe estar cerca del sistema emisor, por ejemplo, al pasar por un edificio o en el transporte público. Una variante son las etiquetas de identificación por radiofrecuencia (RFID, por sus siglas en inglés), utilizadas por tiendas departamentales y otros usuarios".

Cuando pasan por un lector, estas etiquetas envían la información que tienen almacenada. Estos sistemas de radio son tan diferentes entre sí como la luz lo es del sonido; así, los satélites no pueden rastrear etiquetas RFID, lo cual permite descartar riesgos para la intimidad. Podemos ver como se distribuyen las diferentes tecnologías inalámbricas dependiendo de la velocidad de transmisión y de su utilización.

El uso de esta tecnología inalámbrica permite dejar en el olvido de los cables sin la necesidad de dejar de establecer una conexión, desapareciendo las limitaciones de espacio y tiempo, dando la impresión de que puede ubicarse una oficina en cualquier lugar del mundo.

Una aplicación de este caso podría ser la relación que se establece entre empleados ubicados en un lugar que no sea su centro de labores y una red adquiriendo la empresa mayor flexibilidad. Los dispositivos son conectados a otros dispositivos inalámbricos con el fin de brindar a los trabajadores dinámicos una estrategia de trabajo más efectiva y con menos complicaciones.

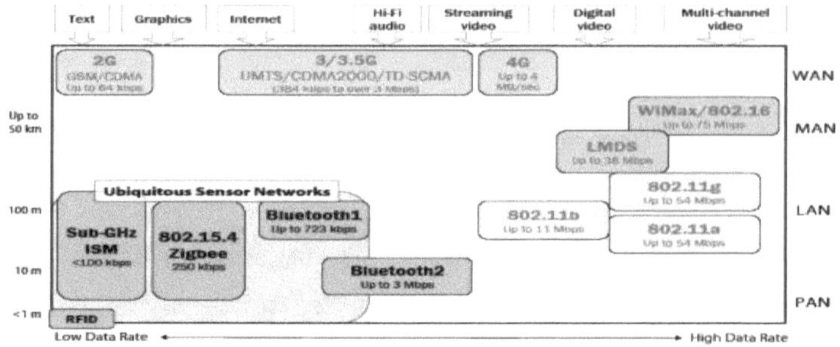

Figura 1.1: Tecnologías Inalámbricas

Fuente: Redes Inalámbricas de Sensores: Teoría y Aplicación práctica.

También podemos estudiar éstas a través del coste que suponen comparado con la cobertura y la velocidad, mostradas en la siguiente tabla:

	Transferencia de datos por segundo	Cobertura	Costo en dólares (año 2008)
WiMax	15Mb	5 Km	8
Celular 3G	14 Mb	10 Km	6
Celular 2G	400 K	35 Km	5
Wi-Fi	54 Mb	50-100 m	4
Bluetooth	700 K	10 m	1
Zigbee	250 K	30 m	4
UWB	400 Mb	5-10 m	5
RFID	1-200 k	0.01-10 m	0.04

Tabla 1.1: Principales tecnologías inalámbricas de 2 vías.

Fuentes: William Webb Cambridge. Consultores OCDE, Pyramid Research, Nokia, CSR, Ember y Hitachi.

1.2 Tecnología RFID

(Portillo, Bermejo, & Bernardos, 2012) Nos manifiestan que: "RFID (Identificación por Radiofrecuencia) es un método de almacenamiento y recuperación remota de datos, basado en el empleo de etiquetas o "tags" en las que reside la información. RFID se basa en un concepto similar al del sistema de código de barras; la principal diferencia entre ambos reside en que el segundo utiliza señales ópticas para transmitir los datos entre la etiqueta y el lector, y RFID, en cambio, emplea señales de radiofrecuencia (en diferentes bandas dependiendo del tipo de sistema, típicamente 125 KHz, 13,56 MHz, 433-860-960 MHz y 2,45 GHz)".

La identificación por radiofrecuencia (RFID) es una de las tecnologías de mayor crecimiento y beneficios que pueden adoptar las empresas actualmente. La adopción de la tecnología de captura automática de datos (ADC) ha experimentado recientemente un despegue espectacular gracias al establecimiento de estándares básicos, a las exigencias de los gobiernos y de los minoristas, al mejor desempeño tecnológico y a los menores costos de implementación, la tecnología RFID es de gran valor para muchos sectores productivos y aplicaciones. Sin embargo, las apreciaciones erróneas sobre lo que representa esta tecnología y lo que puede hacer generan obstáculos que desaniman a algunas empresas a sacar el máximo partido de ella.

"RFID" hace referencia a un tipo de tecnología de intercambio inalámbrico de datos. La lectura y grabación de los datos se realiza a partir de un chip conectado a una antena que recibe señales de radiofrecuencia desde un dispositivo de lectura y grabación (denominado normalmente lector, codificador o interrogador). El intercambio de datos se produce automáticamente, sin que ningún operador tenga que intervenir para activar la lectura de RFID.

1.2.1 Ventajas de la tecnología RFID

La tecnología RFID ofrece una serie de ventajas importantes en comparación con otras formas de captura de datos:

- La RFID permite controlar y capturar datos en entornos inadecuados para los operarios, ya que la lectura de las etiquetas no requiere ningún trabajo.
- Esta tecnología permite realizar más de mil lecturas por segundo, ofreciendo una alta velocidad y una gran precisión.

- Los datos de un tag RFID (también conocido como tag) se pueden modificar repetidamente.

- La tecnología RFID no necesita una línea directa de visión entre la etiqueta y el lector, lo que la hace adecuada para muchas aplicaciones en las que no se pueden utilizar códigos de barras.

- Miles de empresas de numerosos sectores productivos han explotado las ventajas de la identificación por radiofrecuencia para desarrollar operaciones que controlan procesos, facilitan datos precisos en tiempo real, realizan el seguimiento de bienes e inventarios y reducen los requisitos de mano de obra.

- La tecnología RFID se puede utilizar conjuntamente con sistemas de códigos de barras y redes inalámbricas.

1.2.2 Descripción de la tecnología

Según **(Portillo, Bermejo, & Bernardos, 2012)** "Todo sistema RFID se compone principalmente de cuatro elementos:

- Una etiqueta RFID, también llamada tag o transpondedor (transmisor y receptor). La etiqueta se inserta o adhiere en un objeto, animal o persona, portando información sobre el mismo. En este contexto, la palabra "objeto" se utiliza en su más amplio sentido: puede ser un vehículo, una tarjeta, una llave, un paquete, un producto, una planta, etc.

Consta de un microchip que almacena los datos y una pequeña antena que habilita la comunicación por radiofrecuencia con el lector.

- Un lector o interrogador, encargado de transmitir la energía suficiente a la etiqueta y de leer los datos que ésta le envíe. Consta de un módulo de radiofrecuencia (transmisor y receptor), una unidad de control y una antena para interrogar los tags vía radiofrecuencia.

Los lectores están equipados con interfaces estándar de comunicación que permiten enviar los datos recibidos de la etiqueta a un subsistema de procesamiento de datos, como puede ser un ordenador personal o una base de datos.

Algunos lectores llevan integrado un programador que añade a su capacidad de lectura, la habilidad para escribir información en las etiquetas.

- Un ordenador, host o controlador, que desarrolla la aplicación RFID. Recibe la información de uno o varios lectores y se la comunica al sistema de información. También es capaz de transmitir órdenes al lector.

- Adicionalmente, un middleware y en backend un sistema ERP de gestión de sistemas IT son necesarios para recoger, filtrar y manejar los datos.

Todos estos elementos conforman un sistema RFID que, atendiendo a distintos criterios relacionados con las características técnicas y operacionales de cada uno de los componentes, puede ser de diversos tipos".

1.2.3 Clasificación de la tecnología RFID

A continuación se muestra esquemáticamente una clasificación de los distintos sistemas RFID existentes:

- Según su capacidad de programación:

- De sólo lectura: las etiquetas se programan durante su fabricación y no pueden ser reprogramadas.

- De una escritura y múltiples lecturas: las etiquetas permiten una única reprogramación.

- De lectura/escritura: las etiquetas permiten múltiples reprogramaciones.

- Según el modo de alimentación:

- Activos: si las etiquetas requieren de una batería para transmitir la información.

- Pasivos: si las etiquetas no necesitan batería.

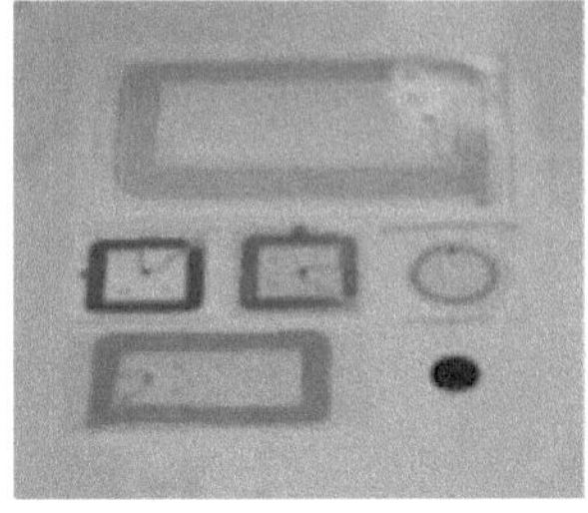

Figura 1.2: Etiquetas RFID pasivas (izquierda) y activas (derecha).

Fuente: Grand-Flo.

- Según el rango de frecuencia de trabajo:

- Baja Frecuencia (BF): se refiere a rangos de frecuencia inferiores a 135 KHz.

- Alta Frecuencia (AF): cuando la frecuencia de funcionamiento es de 13,56 MHz.

- Ultra Alta Frecuencia (UHF): comprende las frecuencias de funcionamiento en las bandas de 433 MHz, 860 MHz, 928 MHz.

- Frecuencia de Microondas: comprende las frecuencias de funcionamiento en las bandas de 2,45 GHz y 5,8 GHz.

- Según el protocolo de comunicación:

- Dúplex: el transpondedor transmite su información en cuanto recibe la señal del lector y mientras dura ésta. A su vez pueden ser:

- Half dúplex, cuando transpondedor y lector transmiten en turnos alternativos.

- Full dúplex, cuando la comunicación es simultánea. Es estos casos la transmisión del transpondedor se realiza a una frecuencia distinta que la del lector.

- Secuencial: el campo del lector se apaga a intervalos regulares, momento que aprovecha el transpondedor para enviar su información. Se utiliza con etiquetas activas, ya que el tag no puede aprovechar toda la potencia que le envía el lector y requiere una batería adicional para transmitir, lo cual incrementaría el coste.

- Según el principio de propagación:

- Inductivos: utilizan el campo magnético creado por la antena del lector para alimentar el tag. Opera en el campo cercano y a frecuencias bajas (BF y AF).

- Propagación de ondas electromagnéticas: utilizan la propagación de la onda electromagnética para alimentar la etiqueta. Opera en el campo lejano y a muy altas frecuencias (UHF y microondas).

1.2.4 Principio de funcionamiento

Como hemos visto, existe una gran diversidad de sistemas RFID, los cuales pueden satisfacer un amplio abanico de aplicaciones para los que pueden ser utilizados. Sin embargo, a pesar de que los aspectos tecnológicos pueden variar, todos se basan en el mismo principio de funcionamiento, que se describe a continuación:

1. Se equipa a todos los objetos a identificar, controlar o seguir, con una etiqueta RFID.

2. La antena del lector o interrogador emite un campo de radiofrecuencia que activa las etiquetas.

3. Cuando una etiqueta ingresa en dicho campo utiliza la energía y la referencia temporal recibidas para realizar la transmisión de los datos almacenados en su memoria. En el caso de etiquetas activas la energía necesaria para la transmisión proviene de la batería de la propia etiqueta.

4 El lector recibe los datos y los envía al ordenador de control para su procesamiento.

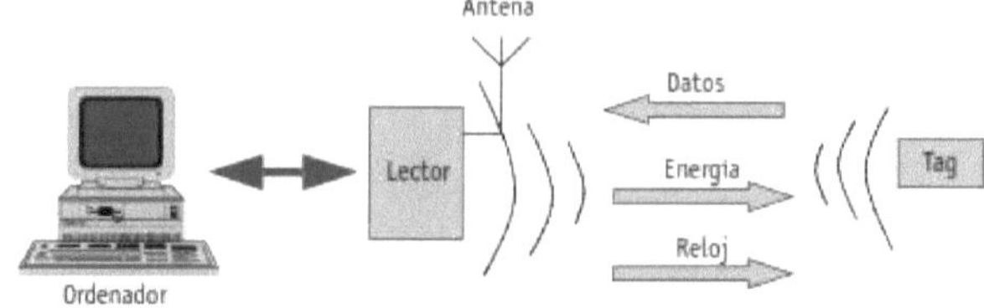

Figura 1.3: Esquema de funcionamiento de un sistema RFID pasivo.
Fuente: Tecnología de identificación por radiofrecuencia (RFID). Pág. 34

Como podemos ver en la figura, existen dos interfaces de comunicación:

 - Interfaz Lector-Sistema de Información.

La conexión se realiza a través de un enlace de comunicaciones estándar, que puede ser local o remoto y cableado o inalámbrico como el RS 232, RS 485, USB, Ethernet, WLAN, GPRS, UMTS, etc.

- Interfaz Lector-Etiqueta (tag).

Se trata de un enlace radio con sus propias características de frecuencia y protocolos de comunicación.

1.2.5 Componentes de un RFID

Todo sistema RFID se compone básicamente de cuatro elementos: transpondedor o etiqueta, lector o interrogador, sistema de información y, adicionalmente, middleware. A continuación se va a describir cada uno de estos componentes y los principales parámetros que los caracterizan.

1.2.5.1 Transpondedores

Para **(Martinez, 2007)**: "Los sistemas RFID constan de etiquetas o tags, lectores y software para procesar los datos. Los tags suelen aplicarse a los artículos y a menudo forman parte de una etiqueta adhesiva de código de barras. Estos tags también se pueden incorporar en contenedores más duraderos, así como en tarjetas de identificación o pulseras. Los lectores pueden ser unidades autónomas (por ejemplo, destinados al control de una puerta de expedición o una banda transportadora), estar integrados en un terminal portátil para su uso en un montacargas o con la mano o incluso se pueden incorporar a impresoras de código de barras".

El transpondedor es el dispositivo que va embebido en una etiqueta o tag y contiene la información asociada al objeto al que acompaña, transmitiéndola cuando el lector la solicita, está compuesto principalmente por un microchip y una antena; adicionalmente puede incorporar una batería para alimentar sus transmisiones o incluso algunas etiquetas más sofisticadas pueden incluir una circuitería extra con funciones adicionales de entrada/salida, tales como registros de tiempo u otros estados físicos que pueden ser monitorizados mediante sensores apropiados (de temperatura, humedad, etc.).

- El microchip incluye:

a) Una circuitería analógica que se encarga de realizar la transferencia de datos y de proporcionar la alimentación.

b) Una circuitería digital que incluye:

- La lógica de control.
- La lógica de seguridad.
· La lógica interna o microprocesador.

c) Una memoria para almacenar los datos. Esta memoria suele contener:

- Una ROM (Read Only Memory) o memoria de sólo lectura, para alojar los datos de seguridad y las instrucciones de funcionamiento del sistema.
- Una RAM (Random Access Memory) o memoria de acceso aleatorio, utilizada para facilitar el almacenamiento temporal de datos durante el proceso de interrogación y respuesta.
- Una memoria de programación no volátil. Se utiliza para asegurar que los datos están almacenados aunque el dispositivo esté inactivo. Típicamente suele tratarse de una EEPROM (Electrically Erasable Programmable ROM).

- Registros de datos (buffers) que soportan de forma temporal, tanto los datos entrantes después de la demodulación como los salientes antes de la modulación. Además actúa de interfaz con la antena.

La antena que incorporan las etiquetas para ser capaces de transmitir los datos almacenados en el microchip puede ser de dos tipos:
- Un elemento inductivo (bobina).
- Un dipolo.

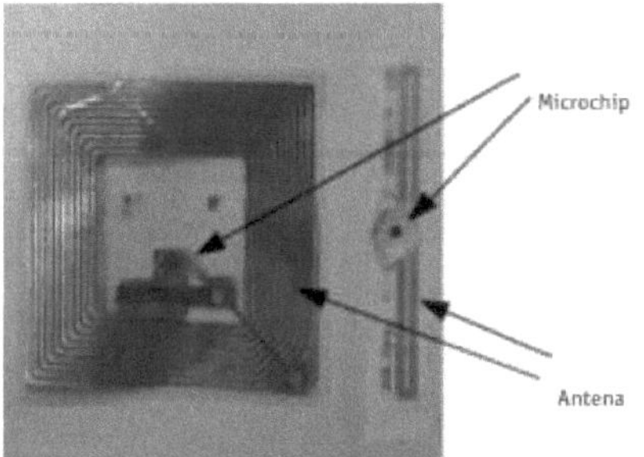

Figura 1.4: Aspecto de los dos principales diseños de una etiqueta o tag
Fuente: EAN Argentina.

- Opciones de Programación

Dependiendo del tipo de memoria que incorpore el transpondedor, los datos transportados pueden ser:

- De sólo lectura. Son dispositivos de baja capacidad, programados por el fabricante desde el primer momento. Normalmente portan un número de identificación o una clave a una base de datos donde existe información dinámica relativa al objeto, animal o persona a la que van adheridos.

- De una escritura y múltiples lecturas. Son dispositivos programables por el usuario, pero una única vez.

- De lectura y escritura. También son programables por el usuario pero adicionalmente permiten modificar los datos almacenados en la etiqueta. Los programadores permiten la escritura directamente sobre la etiqueta adherida al objeto en cuestión, siempre y cuando se encuentre dentro del área de cobertura del programador.

EPCGlobal3, organización de empresas específicamente orientada a desarrollar estándares globales para un Código Electrónico de Producto (EPC, Electronic Product Code), tiene el objetivo de normalizar la información contenida en las etiquetas RFID.

En la Tabla 1.2 se resumen los diferentes protocolos que especifica EPC junto con el tipo de etiquetas y rango de frecuencias que lleva asociadas.

Protocolo	Frecuencia	Tipo de etiqueta
Clase 0	UHF	Sólo lectura
Clase 0 Plus	UHF	Lectura-escritura
Clase 1	HF/UHF	Una escritura múltiples lecturas
Clase 1 Gen2	UHF	Una escritura múltiples lecturas
Clase 2	UHF	Lectura y escritura
Clase 3	UHF	Clase 2 más batería y sensores
Clase 4	UHF	Etiquetas activas
Clase 5	UHF	Clase 4 + capacidad de lectura

Tabla 1.2: Protocolos EPCGlobal para RFID.

Fuente: Tecnología de identificación por radiofrecuencia (RFID). Pág. 42

- Forma física

(Portillo, Bermejo, & Bernardos, 2012) Nos dicen que:" Las etiquetas RFID pueden tener muy diversas formas, tamaños y carcasas protectoras, dependiendo de la utilidad para la que son creados. El proceso básico de ensamblado consiste en la colocación, sobre un material que actúa como base (papel, PVC), de una antena hecha con materiales conductivos como la plata, el aluminio o el cobre".

Posteriormente se conecta el microchip a la antena y opcionalmente se protege el conjunto con un material que le permita resistir condiciones físicas adversas. Este material puede ser PVC, resina o papel adhesivo.

Una vez construida la etiqueta, su encapsulación puede variar de modo que faciliten su inserción o acoplamiento a cualquier material (madera, plástico, piel, etc).

Con respecto al tamaño, es posible desarrollar etiquetas del orden de milímetros hasta unos pocos centímetros. Por ejemplo los transpondedores empleados en la identificación de ganado, que son insertados bajo la piel del animal, miden entre 11 y 34 mm, mientras que aquellos que se encapsulan en discos o monedas, suelen tener un diámetro de entre 3 y 5 cm. Las etiquetas inteligentes RFID tienen las medidas estandarizadas de 85,72 mm x 54,03 mm x 0,76 mm ± tolerancias.

Algunas de las formas que pueden albergar un transpondedor pueden agruparse en:

- Transpondedores encapsulados en ampollas, monedas, pilas, llaves, relojes, varillas, cápsulas, discos, botones,… La figura que sigue da una idea de la amplia variedad de formas que existen.

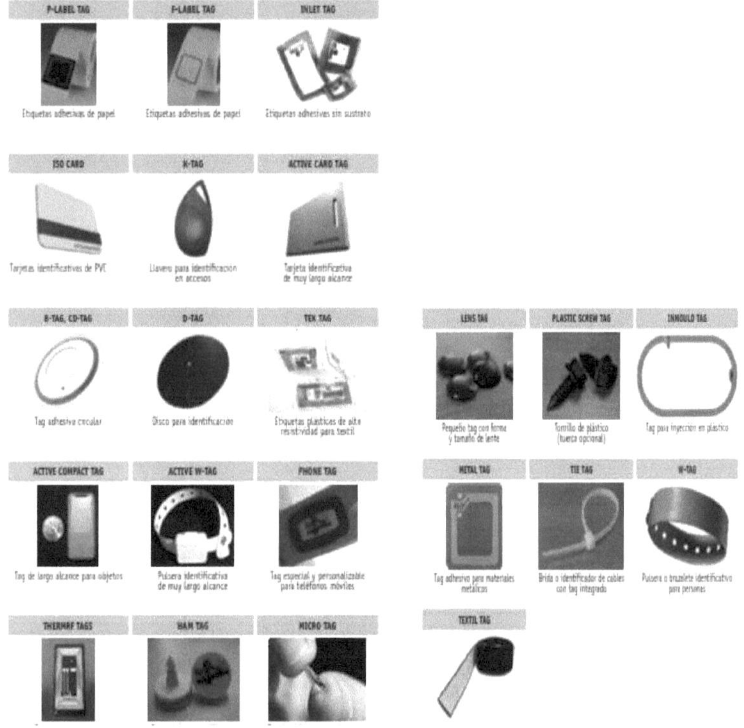

Figura 1.5: Ejemplos de etiquetas RFID comerciales.
Fuente: Lowry Computer Products.

- Etiquetas inteligentes: pueden ser tarjetas o tickets, que tienen el mismo formato que las habituales tarjetas de crédito, a las que se le incorpora un tag RFID impreso.

Esto permite la utilización de la tarjeta tradicional sin necesidad de contacto físico con un lector.

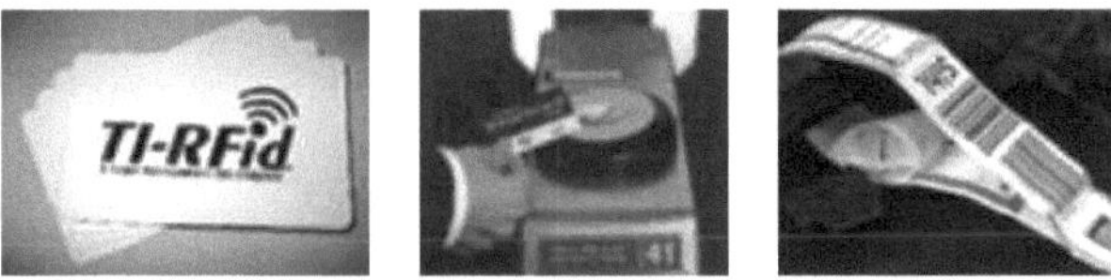

Figura 1.6: Ejemplo de tarjetas inteligentes y aplicaciones.
Fuente: AIM UK y Texas Instruments.

1.2.5.2 Lectores

(Portillo, Bermejo, & Bernardos, 2012) Nos comentan que: Un lector o interrogador es el dispositivo que proporciona energía a las etiquetas, lee los datos que le llegan de vuelta y los envía al sistema de información. Asimismo, también gestiona la secuencia de comunicaciones con el lector.

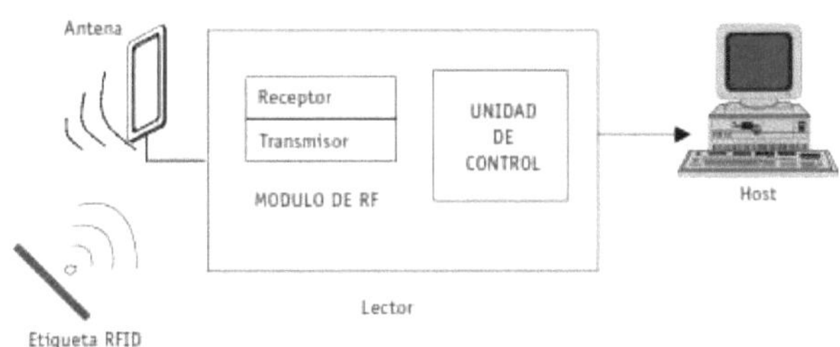

Figura 1.7: Esquema de un lector de RFID.
Fuente: Tecnología de identificación por radiofrecuencia (RFID). Pág. 46

Los componentes del lector son, como podemos ver en la Figura 1.8, el módulo de radiofrecuencia (formado por receptor y transmisor), la unidad de control y la antena. A continuación se procede a describir un poco más cada uno de estos elementos.

- El módulo de radiofrecuencia, que consta básicamente de un transmisor que genera la señal de radiofrecuencia y un receptor que recibe, también vía radiofrecuencia, los datos enviados por las etiquetas.

- La unidad de control, constituida básicamente por un microprocesador. En ocasiones, para aliviar al microprocesador de determinados cálculos, la unidad de control incorpora un circuito integrado ASIC (Application Specific Integrated Circuit), adaptado a los requerimientos deseados para la aplicación.

- La antena del lector es el elemento que habilita la comunicación entre el lector y el transpondedor. Las antenas están disponibles en una gran variedad de formas y tamaños. Su diseño puede llegar a ser crítico, dependiendo del tipo de aplicación para la que se desarrolle. Este diseño puede variar desde pequeños dispositivos de mano hasta grandes antenas independientes. Por ejemplo, las antenas pueden montarse en el marco de puertas de acceso para controlar el personal que pasa, o sobre una cabina de peaje para monitorizar el tráfico que circula.

Figura 1.8: Distintos tipos de antenas de baja frecuencia.
Fuente: Texas Instruments.

Los lectores pueden variar su complejidad considerablemente dependiendo del tipo de transpondedor que tengan que alimentar y de las funciones que deban desarrollar. Una posible clasificación los divide en fijos o móviles dependiendo de la aplicación que se considere.

- Los dispositivos fijos se posicionan en lugares estratégicos como puertas de acceso, lugares de paso o puntos críticos dentro de una cadena de ensamblaje, de modo que puedan monitorizar las etiquetas de la aplicación en cuestión.

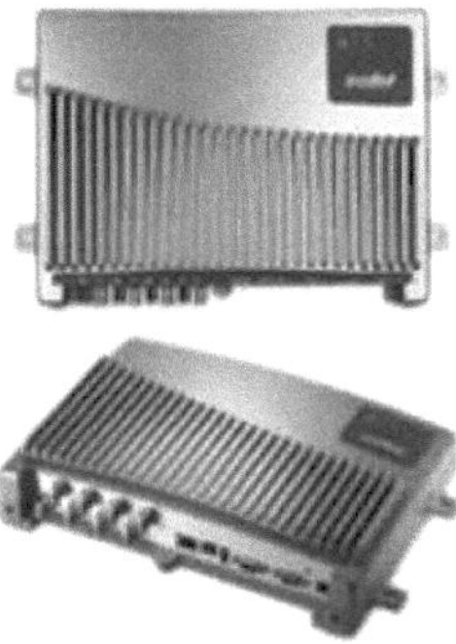

Figura 1.9: Lector RFID fijo.
Fuente: GrupoHasar.

- Los lectores móviles suelen ser dispositivos de mano. Incorporan una pantalla LCD, un teclado para introducir datos y una antena integrada dentro de una unidad portátil. Por esta razón, su radio de cobertura suele ser menor.

Figura 1.10: Lector RFID de mano.
Fuente: GrupoHasar.

1.2.5.3 Programadores

Los programadores son los dispositivos que permiten escribir información sobre la etiqueta RFID. La programación se realiza una vez sobre las etiquetas de sólo lectura o varias veces si las etiquetas son de lectura/escritura. Es un proceso que generalmente se suele llevar a cabo "fuera de línea", es decir, antes de que el producto entre en las distintas fases de fabricación.

El radio de cobertura al que un programador puede operar, es generalmente menor que el rango propio de un lector, ya que la potencia necesaria para escribir es mayor. En ocasiones puede ser necesario distancias próximas al contacto directo.

Por otro lado, el diseño de los programadores permite una única escritura cada vez, esto puede resultar engorroso cuando se requiere escribir la misma información en múltiples etiquetas. Sin embargo, nuevos desarrollos de programadores vienen a satisfacer la necesidad de realizar la programación de múltiples etiquetas.

Un tipo especial de programador es la impresora RFID. Existen impresoras con capacidad de lectura/escritura, que permiten programar las etiquetas a la vez que se imprime con tinta de información visible. Antes de realizar la escritura de la etiqueta, deben introducirse los datos deseados en la impresora. Una vez escritos, un lector a la salida comprueba la fiabilidad de los datos. Evidentemente este tipo de programación debe realizarse sobre etiquetas especiales hechas de materiales flexibles y que permiten la impresión en su exterior.

Figura 1.11: Ejemplo de Impresora RFID Printronix.
Fuente: Printronix.

1.2.5.4 Middleware

El middleware es el software que se ocupa de la conexión entre el hardware de RFID y los sistemas de información existentes (y posiblemente anteriores a la implantación de RFID) en la aplicación. Del mismo modo que un PC, los sistemas RFID hardware serían inútiles sin un software que los permita funcionar. Esto es precisamente el middleware.

Se ocupa, entre otras cosas, del encaminamiento de los datos entre los lectores, las etiquetas y los sistemas de información, y es el responsable de la calidad y usabilidad de las aplicaciones basadas en RFID.

El middleware de RFID se ocupa por tanto de la transmisión de los datos entre los extremos de la transacción. Por ejemplo, en un sistema RFID basado en etiquetas, en el proceso de lectura se ocuparía de la transmisión de los datos almacenados en una de las etiquetas al sistema de información. Las cuatro funciones principales del middleware de RFID son:

- Adquisición de datos. El middleware es responsable de la extracción, agrupación y filtrado de los datos procedentes de múltiples lectores RFID en un sistema complejo.

- Encaminamiento de los datos. El middleware facilita la integración de las redes de elementos y sistemas RFID de la aplicación. Para ello dirige los datos al sistema apropiado dentro de la aplicación.

- Gestión de procesos. El middleware se puede utilizar para disparar eventos en función de las reglas de la organización empresarial donde opera, por ejemplo, envíos no autorizados, bajadas o pérdidas de stock, etc.

- Gestión de dispositivos. El middleware se ocupa también de monitorizar y coordinar los lectores RFID, así como de verificar su estado y operatividad, y posibilita su gestión remota.

1.2.5.5 Sistema de información

De manera similar a los códigos de barras estándar, las etiquetas RFID son simplemente un modo automatizado para proporcionar datos de entrada al sistema cliente. Sin embargo, las etiquetas RFID son capaces de proporcionar también una salida automatizada del sistema hacia la etiqueta, permitiendo la actualización dinámica de los datos que ésta porta.

El sistema de información se comunica con el lector según el principio maestro-esclavo, esto quiere decir que todas las actividades realizadas por lector y transpondedores son iniciadas por la aplicación software. Cuando el lector recibe una orden de esta aplicación, establece una comunicación con los transpondedores, comunicación en la que a su vez el lector ejerce de maestro y los tags de esclavos.

El principal objetivo de la aplicación software es gestionar y tratar los datos recibidos por el lector. El sistema debe ser lo suficientemente robusto para poder manejar las múltiples lecturas que permiten realizar los sistemas RFID, coordinar tiempos y flujos de información, gestionar los distintos eventos, soportar las realimentaciones de los usuarios, introducir las actualizaciones del sistema cuando sea requerido e integrarlo con otros sistemas de información de la empresa.

En todos los casos el sistema cliente necesitará modificaciones software para integrar los datos proporcionados por el lector y el programador. Sin la posibilidad de acceder a todas estas funcionalidades, el sistema RFID perderá en eficacia y no proporcionará el deseado retorno de la inversión.

1.2.6 Rendimiento de la tecnología RFID

Las características básicas descritas se aplican a todas las tecnologías RFID. Los sistemas RFID varían en función del alcance y la frecuencia utilizados, de la memoria del chip, de la seguridad, del tipo de datos capturados y de otras características. Entender correctamente estas variables es básico para conocer el rendimiento de la tecnología RFID y el modo de aplicarla a las operaciones. En los apartados siguientes hay una breve descripción de las características más importantes de la tecnología RFID.

1.2.6.1 Frecuencia

La frecuencia es el factor principal que determina el alcance de la RFID, la resistencia a las interferencias y otros parámetros del rendimiento. La mayor parte de los sistemas RFID del mercado operan en la banda UHF, entre 859 y 960 MHz, o en alta frecuencia (HF), a 13,56 MHz. Otras frecuencias RFID habituales son la de 125 KHz y las de 430 MHz y 2,45 GHz; ambas se utilizan en la identificación de largo alcance, generalmente con tags costosos y alimentados con batería. La banda UHF se utiliza más en aplicaciones de cadena de suministros y de automatización industrial.

1.2.6.2 Alcance

El alcance de lectura de un sistema RFID (distancia al tag a la que debe estar la antena del lector para leer los datos almacenados en el chip del tag) varía de unos cuantos centímetros a decenas de metros, en función de la frecuencia que se utilice, de la potencia y de la sensibilidad direccional de la antena. La tecnología HF se utiliza en las aplicaciones de corto alcance, ya que el alcance máximo de lectura es de unos tres metros. La tecnología UHF proporciona un alcance de lectura de 20 metros o más. El alcance también depende enormemente del entorno físico inmediato; la presencia de metales y líquidos puede causar interferencias que afecten al desempeño del alcance y de la lectura/escritura.

1.2.6.3 Seguridad

Los chips RFID son extremadamente difíciles de falsificar. Un pirata informático necesitaría conocimientos especializados de ingeniería inalámbrica, de algoritmos de codificación y de técnicas de cifrado. Además, se pueden aplicar distintos niveles de seguridad a los datos del tag, haciendo que los datos sean legibles en algunos puntos de la cadena de suministros pero no en otros. Algunos estándares RFID incluyen elementos de seguridad adicional.

1.2.6.4 Normas

En los primeros días de la RFID, existía la idea errónea de que se trataba de una tecnología propietaria que carecía de normas. Actualmente hay numerosas normas que garantizan la diversidad de frecuencias y aplicaciones. Por ejemplo, existen normas RFID para la administración de artículos, contenedores logísticos, tarjetas tarifarias, identificación de animales, identificación de ruedas y neumáticos y muchos otros usos. La Organización Internacional de Estándares (ISO) y EPCglobal Inc. son dos de las organizaciones de normas más importantes para la cadena de suministros.

(Intermec, 2014) Nos dice: "La norma Gen 2 se creó con el objetivo de facilitar el uso de los números de Electronic Product Code™ (EPC), que permiten identificar de modo exclusivo objetos como tarimas, cajas o productos individuales". Las normas EPC proporcionan las especificaciones técnicas de RFID y un sistema de numeración para la identificación única e inequívoca de los artículos. EPCglobal, una organización subsidiaria de GS1 (la misma organización sin fines de lucro que emite números UPC y administra el sistema EAN.UCC), administra la Gen 2 y otras normas EPC. Muchos fabricantes, minoristas, empresas, organizaciones del sector público y asociaciones industriales han adoptado o validado los estándares, en especial el Gen 2.

1.2.7 Uso de la tecnología RFID

(Portillo J. , 2007) Nos dice que: "La tecnología RFID es una opción válida en casos en que no resulta práctico o es imposible utilizar otras tecnologías o tareas manuales para capturar datos. La tecnología RFID aporta un elemento de comodidad en innumerables tareas habituales. Los consumidores suelen utilizar la identificación por radiofrecuencia para abrir las puertas de los vehículos a distancia, para registrar de un modo rápido la entrada y salida de libros en las bibliotecas o para acelerar las transacciones pasando un dispositivo de autenticación en las estaciones de servicio".

Las empresas confían en la tecnología RFID para realizar seguimiento e informar las ubicaciones de miles de bienes, envíos y artículos de inventario. Además, la tecnología RFID tiene un gran potencial aún no explotado, especialmente si se la integra con otras tecnologías y aplicaciones de software.

La tecnología RFID y los sistemas de redes inalámbricas se pueden integrar y ofrecer opciones de control a tiempo completo y a gran escala. Los movimientos de inventario en las ubicaciones controladas pueden, por ejemplo, activar automáticamente una petición de reposición de artículos o comunicarse con los responsables de seguridad si un artículo es trasladado por personal no autorizado.

1.2.8 Tipos de aplicaciones

La principal característica de la tecnología RFID es la capacidad de identificar, localizar, seguir o monitorizar personas u objetos sin necesidad de que exista una línea de visión directa entre la etiqueta y el lector (al menos en algunas de las frecuencias de trabajo, como hemos visto en una sección anterior). Alrededor de esta funcionalidad han surgido una gran variedad de aplicaciones perfectamente adaptables a una gran diversidad de sectores industriales.

En el ámbito de las aplicaciones de negocios, comerciales y de servicios, el potencial de negocio de las aplicaciones RFID es muy grande, como muestran los siguientes ámbitos: Transporte y distribución, Seguimiento de activos, Aeronaves, vehículos, ferrocarriles, Contenedores, Sistemas de localización en tiempo real, Empaquetado de artículos, Gestión de la cadena de suministro, Seguimiento de cajas y palés, Seguimiento de elementos, Industria farmacéutica, Inventario y stocks, Industria y fabricación, Estampación, Flujo de trabajo, Seguridad y control de accesos, Gestión de pasaportes y visados, etc.

1.3 Tecnología Qrcode

Estos códigos fueron desarrollados por la empresa japonesa Denso Wave en el año 1994 y cuentan en la actualidad con la certificación ISO. Aunque en mercados extranjeros su utilización está amplia- mente difundida, sobre todo en países cmo Japón o Corea del Sur, en España todavía su implantación es residual.

(Adams, 2008). Nos dice: "El código QR es una matriz cuadrada que es fácilmente identificable por su patrón de búsqueda compuesto por cuadrados dentro de otros cuadrados en tres de las esquinas del código; el máximo número de símbolos o módulos es de 177 por lado. Estos códigos son ca- paces de codificar 7.366 caracteres numéricos o 4.464 alfanuméricos, con la posibilidad de codificar directamente caracteres japoneses kanji y kana. Los códigos QR están diseñados para una lectura rápida por una cámara CCD"

Un código QR es un código de barras bidimensional que puede leerse mediante un teléfono móvil y, de forma instantánea, conectarse a Inter- net, marcar un número de teléfono, enviar un correo electrónico, actualizar in- formación en las redes sociales, reproducir un vídeo o un clip de audio **(TheAce Group, 2010).**

Los códigos QR se basan en una tecnología que almacena datos de forma gráfica en una matriz bidimensional, pueden almacenar hasta 7 kilobytes de datos en unos pocos centímetros cuadrados. Aunque es necesario disponer de una cámara para leer el código, pueden imprimirse en cualquier tipo de superficie y por cualquier tipo de impresora (Segatto 2008); estos códigos, al igual que los de- más códigos bidimensionales y que los unidimensionales, se basan en patrones o diseños que consisten en módulos. El módulo es un diseño de tamaño mínimo del código.

La decodificación del código conlleva una compleja secuencia de pasos: encontrar el patrón posicional del código, extracción del código de la imagen, encontrar el patrón funcional y de alineamiento del código, leer la información relativa a los datos y a la corrección de errores y, por último, llevar a cabo la corrección de los errores

(QRcode.com, 2010) nos manifiesta: "El tamaño del código QR se determina basándonos en la capacidad de datos que se necesita, el tipo de caracteres y el nivel de corrección que se requiere y estableciendo un tamaño de módulo según la resolución tanto de la impresora para imprimirlo como del escáner que se va a utilizar para leerlo".

1.3.1 Características.

Las características de los códigos QR pueden orientarnos hacia las ventajas que poseen:

– Patrones de detección en tres posiciones.

- Capacidad de corrección de errores, incluso si el código está dañado o sucio parcialmente; hay cuatro niveles de corrección de errores (nivel L, M, Q y H) que permiten la corrección desde un 7% a un 30% del código aproximadamente.

- Requiere de, al menos, un margen de cuatro módulos de ancho alrededor de un símbolo.

- Es capaz de almacenar hasta 4.296 caracteres alfanuméricos y 7.089 numéricos.

- Puede ser leído de forma flexible en 360º.

- El código QR puede dividirse en múltiples áreas de datos y, a la inversa, la información almacenada en múltiples códigos QR puede reconstruirse como un único código.

1.3.2 Usos de los Códigos QR

El uso de los códigos QR es sencillo; una vez se dispone del contenido que se quiere almacenar en el código, se crea mediante un codificador (existen una gran variedad en Internet) el código QR, se coloca en cualquier medio que se desee, ya sea impreso sobre una superficie (cartel, periódico, página de una revista, folleto, camiseta, envase o envoltorio de un pro- ducto, etcétera) o en una página web o incluso en una pantalla; una vez que se dispone del código QR, la tarea de decodificación es también sumamente sencilla, ya que la mayoría de dispositivos móviles dispone actualmente de un decodificador de códigos QR que, una vez abierta la aplicación, escanea el código y nos ofrece la información que contiene.

Si nuestro dispositivo móvil no dispone del decodificador, hay multitud de páginas web que ofrecen gratuitamente la aplicación necesaria (por ejemplo, www.inigma.com o www.qrcode.es).

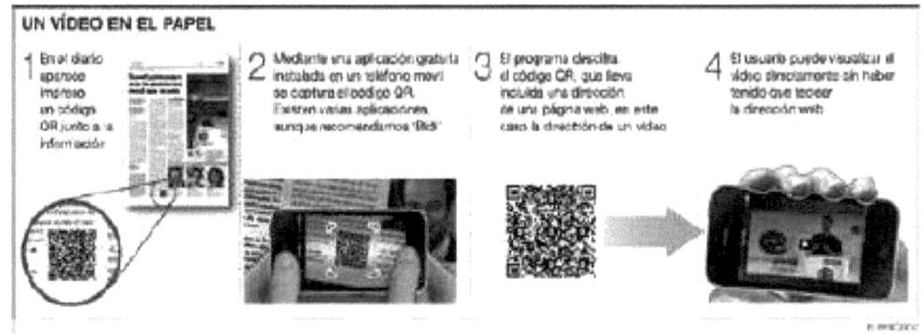

Figura 1.12: Descripción del proceso de lectura de los códigos QR

Fuente: El periódico de Catalunya

Además de las matrices de datos, también existen los códigos de respuesta rápida (Quick Responce Code, QRCode), los cuales representan un código bidimensional con el cual se puede codificar texto alfanumérico, códigos numéricos e imágenes, la especificación permite codificar tres clases de información: QRCodes con 7,089 caracteres numéricos, con 4,296 caracteres alfanuméricos y con 2,953 códigos binarios (imágenes) [ISO 2006].

Figura 1.13: Dimensiones utilizables en los códigos QR

Fuente: Shin y Chang (2012)

1.4 Tecnología Bluetooth

(López, 2008) Comenta: "Bluetooth es una de las tecnologías más utilizadas, y surgió a partir de la necesidad de unir diferentes dispositivos entre sí, como pueden ser los teléfonos móviles, ordenadores, etc. En 1994 Ericsson desarrolló un estudio para intentar establecer comunicación a través de ondas de radio entre dispositivos con el principal requisito de que la tecnología resultante tendría que ser económica".

La tecnología inalámbrica Bluetooth es una tecnología de ondas de radio de corto alcance (2.4 gigahertzios de frecuencia) cuyo objetivo es el de simplificar las comunicaciones entre dispositivos informáticos, como ordenadores móviles, teléfonos móviles, otros dispositivos de mano y entre estos dispositivos e Internet. También pretende simplificar la sincronización de datos entre los dispositivos y otros ordenadores.

Permite comunicaciones, incluso a través de obstáculos, a distancias de hasta unos 10 metros. Esto significa que, por ejemplo, puedes oír tus mp3 desde tu comedor, cocina, cuarto de baño, etc. También sirve para crear una conexión a Internet inalámbrica desde tu portátil usando tu teléfono móvil. Un caso aún más práctico es el poder sincronizar libretas de direcciones, calendarios etc en tu PDA, teléfono móvil, ordenador de sobremesa y portátil automáticamente y al mismo tiempo, los promotores de Bluetooth incluyen Agere, Ericsson, IBM, Intel, Microsoft, Motorola, Nokia y Toshiba, y centenares de compañías asociadas.

1.4.1 Procedencia de nombre Bluetooth

El nombre viene de Harald Bluetooth, un Vikingo y rey de Dinamarca de los años 940 a 981, fue reconocido por su capacidad de ayudar a la gente a comunicarse. Durante su reinado unió Dinamarca y Noruega.

1.4.2 Objetivos principales de la tecnología Bluetooth.

- Permitir la comunicación sencilla entre dispositivos fijos y móviles.
- Evitar la dependencia de cables que permitan la comunicación.
- Permitir la creación de pequeñas redes de forma inalámbrica.

1.4.3 Funcionamiento.

Trabaja en dos capas del modelo OSI que son la de enlace y aplicación, incluye un transeiver que trasmite y recibe a una frecuencia de 2.4 GHz Las conexiones que se realizan son de uno a uno con un rango máximo de 10 metros, si se deseara implementar la distancia se tendría que utilizar repetidores los cuales nos ayudarían a abarcar una distancia de 100 metros.

Bluetooth por cuestiones de seguridad cuanta con mecanismos de encriptación de 64 bits y autentificación para controlar la conexión y evitar que dispositivos puedan acceder a los datos o realizar su modificación, el trasmisor está integrado en un pequeño microchip de 9 x 9 milímetros y opera en una frecuencia de banda global. Los dispositivos que incorporan esta tecnología se reconocen entre si y utilizan el mismo lenguaje de la misma forma que lo realizan otros dispositivos como lo son la computadora y la impresora.

Durante la transferencia de datos el canal de comunicaciones permanece abierto y no requiere la intervención directa del usuario cada vez que se desea transferir voz o datos de un dispositivo a otro. La velocidad máxima que se alcanza durante la transferencia es de 700 Kb/s y consume un 97% menos que un teléfono móvil.

1.5 Tecnología Wifi

(López, 2008) nos dice: "En la actualidad, la tecnología inalámbrica más utilizada es la WiFi (Wireless Fidelity), la misma que surgió con el objetivo de normalizar el mercado de las comunicaciones inalámbricas, ya que durante muchos años existieron en el mercado dispositivos inalámbricos de diferentes propietarios que eran incompatibles entre sí. Para normalizar la situación, en 1999 se creó una asociación llamada WECA (Wireless Ethernet Compability Aliance), de la que formaban parte los principales vendedores de tecnología inalámbrica (Nokia, 3COM, etc), WECA estableció la normativa IEEE 802.11, que suprimía el problema de la incompatibilidad entre los dispositivos de diferentes fabricantes".

Las versiones 802.11b y 802.11g son las más utilizadas y trabajan en la frecuencia de 2.4 Ghz. La versión 802.11b tiene una velocidad de transmisión de hasta 11Mbps, y la 802.11g una velocidad de hasta 54 Mbps.

Sin embargo, la comunicación WiFi presenta un problema: la seguridad, si una red Inalámbrica no se encuentra debidamente protegida, cualquier persona puede conectarse y acceder a sus recursos a través de un ordenador que disponga de un adaptador de red inalámbrico. Este inconveniente puede solucionarse utilizando los protocolos de cifrado de información como el WEP y el WPA.

1.5.1 Aplicaciones del Wifi

(Huidobro, 2010) nos manifiesta: "Las aplicaciones de Wifi son muchas y variadas, desde su uso en entornos domésticos para conectar un PC al router o módem ADSL que nos facilita la conexión a Internet, hasta aplicaciones de acceso público como las que ofrecen algunos ayuntamientos o los operadores hot spots".

Las redes WiFi surgieron para aplicaciones en interiores, es decir en el entorno de un edificio o como mucho un complejo de edificios y por tal motivo la potencia de emisión de los equipos se limitó. Una amplia cobertura resulta muy útil cuando tenemos un portátil o un smartphone en casa y necesitamos conectarnos desde distintas estancias del hogar, ya que nos evita la instalación más engorrosa que requiere el cable.

1.6 Servicios De Localización.

Los sistemas de posicionamiento, radiolocalización se vienen utilizando desde hace más de una década, tuvieron su origen en aplicaciones militares, pero hoy en día su uso se ha extendido a los civiles, contando con numerosos usuarios y aplicaciones para ellos, de estos sistemas, el más popular es el GPS y en la actualidad se está trabajando en el desarrollo de otro, más avanzado, llamado Galileo.

1.6.1 El Sistema de posicionamiento GPS

Según **(Huidobro, 2010)** nos dice: "Tradicionalmente los satélites se vienen utilizando para las comunicaciones a gran distancia, ya que, de una manera muy rápida, efectiva y económica, permiten dar servicio a una gran zona para la difusión de información, así como su empleo para la determinación de la posición de un determinado usuario u objeto, siendo el GPS (Global Positioning System), este sistema de navegación por satélite, además de ofrecernos una posición geográfica nos ofrece una referencia temporal muy precisa".

El principio de funcionamiento del sistema GPS o Sistema de Posicionamiento Global es una constelación de 24 satélites situados en una órbita ICO (20.000 km con un período orbital de 12 horas) que transmiten continuamente información relativa al tiempo, sus órbitas, identificación , etc, de tal manera que los usuarios pueden calcular su posición en tres dimensiones (latitud, longitud y altura), rumbo y velocidad de desplazamiento, mediante un sencillo terminal receptor, en base al tiempo empleado por las señales en viajar desde cada satélite, estos datos pueden ser transmitidos a través de una red GSM o UMTS a una posición de control. Por lo que se puede tener información sobre la localización de cualquier objeto o persona, en cualquier punto del planeta.

1.7 Gestión Operativa

(Arnoletto, 2012) manifiesta: "Se entiende por gestión operativa: la que realiza el directivo público hacia el interior de su organización para aumentar su capacidad de conseguir los propósitos de sus políticas. Abarca los cambios en la estructura de la organización y en el sistema de roles y funciones, la elección de personal directivo y asesor de mediano nivel, los procesos de capacitación del personal de planta permanente, la mejora continua del funcionamiento de la organización con su actual tecnología y la introducción de innovaciones técnicas y estratégicas acordes con los proyectos en curso".

Varios autores tratan de explicar a la gestión operativa o "gestión hacia abajo" la que realiza el funcionario o directivo público hacia el interior de su organización para aumentar su capacidad de conseguir los propósitos de sus políticas. Cubre los cambios en la estructura de la organización y en el sistema de roles y funciones, la elección de personal directivo y asesor de mediano nivel, los procesos de capacitación del personal de planta permanente, la mejora continua del funcionamiento de la organización con su actual tecnología y la introducción de innovaciones técnicas y estratégicas acordes con los proyectos en curso. Sus principales tareas son:

a) Análisis de los servicios: Fundamentalmente se refiere al análisis de la concordancia entre los servicios ofrecidos o que se piensa ofrecer y los requerimientos de los ciudadanos. También se refiere al cumplimiento de las especificaciones técnicas propias de cada producto o servicio, y a las pruebas de su correcto funcionamiento.

b) Análisis de los procesos: Se refiere a los procesos técnicos y administrativos, y a su encuadre legal, que se utilizan o van a utilizarse para la realización de proyectos, prestación de servicios, etc., tanto en lo referente a la relación con el público destinatario como a la relación con otras organizaciones de la administración pública.

c) Revisión de los modos de diseñar y dirigir: El enfoque estratégico de la administración pública entraña, a diferencia del enfoque burocrático, un permanente proceso de búsqueda de procedimientos más eficientes para la realización de proyectos y la prestación de servicios, tratando de lograr resultados acordes con los requerimientos de la gente sin malgastar los recursos públicos disponibles.

La tarea esencial de la gestión operativa es el despliegue de recursos y capacidades para obtener resultados concretos. Requiere objetivos acertados (acordes con los requerimientos sociales), capacidad de conseguir recursos y lograr implantar sistemas, procedimientos y personal en forma acorde con lo que se quiere conseguir.

Según una visión estratégica de la gestión operativa, los directores son responsables del uso que hacen del poder y del dinero público, en una actuación que debe ser imparcial, creando organizaciones adaptables, flexibles, controlables y eficientes.

La visión convencional del funcionamiento del sector público lo considera un caso especial de creación de valor en condiciones de pocos cambios y conflictos, con innovaciones mínimas, manteniendo a la capacidad operativa contenida dentro del sistema de la organización misma. La nueva visión estratégica aparece como realmente necesaria cuando hay muchos cambios y conflictos y, por ende, necesidad de innovar para asumir los nuevos desafíos con posibilidades de éxito.

Desde el punto de vista de la gestión operativa, se puede incrementar significativamente el valor público mediante:

- El aumento de la cantidad o la calidad de las actividades por recurso empleado.
- La reducción de los costos para los niveles actuales de producción.
- Una mejor identificación de los requerimientos y una mejor respuesta a las aspiraciones de los ciudadanos.
- Realizar los cometidos de la organización con mayor imparcialidad.

*   Incrementar la disponibilidad de respuesta e innovación.

Para reestructurar sus organizaciones con los lineamientos de una gestión operativa innovadora, los directivos públicos deben analizar cinco cuestiones principales:

*   Decidir que producir y cómo actuar para ofrecer esos productos.
*   Diseñar las operaciones necesarias para obtener esos productos o servicios.
*   Utilizar y ajustar los sistemas administrativos de su organización, e innovar en ellos, para aumentar la calidad, flexibilidad y productividad de los sistemas.
*   Atraer colaboradores nuevos para la realización de los objetivos de la organización.
*   Definir tipo, grado y ubicación de las innovaciones que se consideren necesarias.

Es muy importante definir la misión y los objetivos de la organización en forma simple, clara y general. Debe existir, a partir de allí, una jerarquía de finalidades y metas, de diferentes grados de abstracción, que orienten las actividades operativas, hasta llegar a los exumo propiamente dichos (productos o servicios).

Esas pirámides de objetivos son muy útiles, aparte de la orientación interna, para el seguimiento y control externo de las organizaciones. La base para diseñar procesos, y para hacer la revisión de dichos procesos en el tiempo, es el diseño y revisión de los exhumos (productos o servicios) de la organización.

1.7.1 Importancia de la Gestión Operativa

La tarea esencial de la gestión operativa es el despliegue de recursos y capacidades para obtener resultados concretos. Requiere objetivos acertados (acordes con los requerimientos sociales), capacidad de conseguir recursos y lograr implantar sistemas, procedimientos y personal en forma acorde con lo que se quiere conseguir.

Según una visión estratégica de la gestión operativa, los directores son responsables del uso que hacen del poder y del dinero público, en una actuación que debe ser imparcial, creando organizaciones adaptables, flexibles, controlables y eficientes.

(García, 2009) indica que: "La visión convencional del funcionamiento del sector público lo considera un caso especial de creación de valor en condiciones de pocos cambios y conflictos, con innovaciones mínimas, manteniendo a la capacidad operativa contenida dentro del sistema de la organización misma. La nueva visión estratégica aparece como realmente necesaria cuando hay muchos cambios y conflictos y, por ende, necesidad de innovar para asumir los nuevos desafíos con posibilidades de éxito".

1.7.2 Características

Desde el punto de vista de la gestión operativa, se puede incrementar significativamente el valor público mediante:

a) El aumento de la cantidad o la calidad de las actividades por recurso empleado.

b) La reducción de los costos para los niveles actuales de producción.

c) Una mejor identificación de los requerimientos y una mejor respuesta a las aspiraciones de los ciudadanos.

d) Realizar los cometidos de la organización con mayor Imparcialidad.

e) Incrementar la disponibilidad de respuesta e innovación.

(Anaya, 2013) comenta: "El análisis PRODUCTO – PROCESO – SISTEMA de una organización, con frecuencia revela carencias e incongruencias, para una gestión pública orientada a la creación de valor público es fundamental identificar esas incongruencias, que muestran la necesidad de innovación, y la presencia de ocasiones concretas para innovar. La mayor o menor urgencia por innovar depende de la menor o mayor adaptación de la organización a su entorno político y de trabajo. Cuanto menos adaptada esté, más sentirá la necesidad de innovar".

Aquí vamos a consignar solamente los pasos básicos, que corresponden a la gestión operativa:

• Análisis de la situación interna (debilidades y fortalezas) y de la situación externa (amenazas y oportunidades).

• Identificación y diagnóstico de los elementos clave, explicativos de la situación.

• Definición de la misión u objetivo fundamental a cumplir por el proyecto o plan de acción.

• Articulación de las metas básicas, para recorrer el camino hacia el objetivo fundamental.

• Creación de una visión o imagen convocante de un logro futuro a largo plazo.

• Desarrollo de una estrategia, camino o método, con recorridos alternativos, para realizar las metas, el objetivo y la visión.

• Según los autores **(Goldratt & Cox, 2013):** "Muchos cambios operativos estratégicos no surgen de los sistemas formales de planificación y de presupuesto sino de coyunturas propicias, en las que los representantes políticos y sus supervisores, con participación o no de los medios de comunicación social, se interesan por una organización de la administración pública. No solo hay que aprender a planificar sino también a aprovechar circunstancias imprevistas".

1.8 Conclusiones Parciales Del Capitulo

Como conclusiones de este primer capítulo se pueden definir:

- Los servicios de localización son servicios muy útiles que permiten el control de activos ya sean personas u objetos para realizar un seguimiento adecuado y controlado de los mismos en una empresa u organización.

- Trabajar con tecnologías inalámbricas garantizará adecuarse a las tecnologías modernas de registro y control modernizando y optimizando los recursos actuales de la Institución.

- Una correcta gestión operativa permitirá optimizar recursos y solucionar las falencias actuales presentes en la Universidad.

- El trabajar con la tecnología Rfid ofrecerá a la Institución grandes ventajas ya que la misma se encuentra en pleno desarrollo siendo una de las más utilizadas en la actualidad por sus características técnicas, facilidad de manejo y costos de implementación moderados.

CAPÍTULO II

2. MARCO METODOLÓGICO

2.1 Caracterización de la Institución

La Universidad Técnica de Cotopaxi es una Institución de Educación Superior pública, autonoma, laica y gratuita, somos una institución alternativa con vision de futuro de alcance nacional y regional sin fines de lucro que orienta su trabajo hacia los sectores populares del campo y la ciudad.

Nos esforzamos para alcanzar cada dia metas superiores, planteándonos como retos, la formación de profesionales integrales en los ámbitos de pre y postgrado, el desarrollo paulatino de la investigación científica y la vinculación con la sociedad a partir de proyectos generales y especificos, con la participacion plena de todos sus elementos.

La institución forma actualmente profesionales al servicio del pueblo, realizando esfuerzos para alcanzar cada día metas superiores y mas competitivas, contribuyendo con una acción transformadora en la lucha por alcanzar una sociedad más justa equitativa y solidaria. Es por ello que la Universidad Técnica de Cotopaxi asume su identidad con gran responsabilidad: " Por la vinculación de la universidad con el pueblo".

2.1.1 Reseña Histórica

La Universidad Técnica de Cotopaxi Extensión La Maná es el resultado de un proceso de organización y lucha. La idea de gestionar la presencia de esta Institución, surgió en el año de 1998, en 1999, siendo rector de la Universidad Técnica de Cotopaxi, el Lcdo. Rómulo Álvarez, se inician los primeros contactos con este centro de educación superior para ver la posibilidad de abrir una extensión en La Maná.

El 16 de mayo de 1999, con la presencia del Rector de la Universidad y varios representantes de las instituciones locales, se constituye el primer Comité, dirigido por el Lcdo. Miguel Acurio, como presidente y el Ing. Enrique Chicaiza, vicepresidente. La tarea inicial fue investigar los requisitos técnicos y legales para que este objetivo del pueblo Lamanense se haga realidad.

A inicios del 2000, las principales autoridades universitarias acogen con beneplácito la iniciativa planteada y acuerdan poner en funcionamiento un paralelo de Ingeniería Agronómica en La Maná, considerando que las características naturales de este cantón son eminentemente agropecuarias.

El 3 de febrero de 2001 se constituye un nuevo Comité Pro– Universidad, a fin de ampliar esta aspiración hacia las fuerzas vivas e instituciones cantonales.

El 2 de mayo de 2001, el Comité, ansioso de ver plasmados sus ideales, se traslada a Latacunga con el objeto de expresar el reconocimiento y gratitud a las autoridades universitarias por la decisión de contribuir al desarrollo intelectual y cultural de nuestro cantón a través del funcionamiento de un paralelo de la UTC, a la vez, reforzar y reiterar los anhelos de cientos de jóvenes que se hallan impedidos de acceder a una institución superior.

El 8 de mayo del 2001, el Comité pidió al Ing. Rodrigo Armas, Alcalde de La Maná se le reciba en comisión ante el Concejo Cantonal para solicitar la donación de uno de los varios espacios que la Ilustre Municipalidad contaba en el sector urbano.La situación fue favorable para la UTC con un área de terreno ubicado en el sector de La Playita. El Concejo aceptó la propuesta y resolvió conceder en comodato estos terrenos, lo cual se constituyó en otra victoria para el objetivo final.

También se firmó un convenio de prestación mutua con el Colegio Rafael Vásconez Gómez por un lapso de cinco años. El 9 de marzo de 2002, se inauguró la Oficina Universitaria por parte del Arq. Francisco Ulloa, en un local arrendado al Sr. Aurelio Chancusig, ubicado al frente de la escuela Consejo Provincial de Cotopaxi. El 8 de julio de 2003 se iniciaron las labores académicas en el Colegio Rafael Vásconez Gómez y posteriormente en la Casa Campesina, con las especialidades de Ingeniería Agronómica y la presencia de 31 alumnos; Contabilidad y Auditoría con 42 alumnos.

De igual manera se gestionó ante el Padre Carlos Jiménez(Curia), la donación de un solar que él poseía en la ciudadela Los Almendros, lugar donde se construyó el moderno edificio universitario, el mismo que fue inaugurado el 7 de octubre del 2006, con presencia de autoridades locales, provinciales, medios de comunicación, estudiantes, docentes y comunidad en general.

La Universidad Técnica de Cotopaxi Sede La Maná cuenta con su edificio principal en el cantón del mismo nombre en La Parroquia El Triunfo, Barrio Los Almendros; entre la Avenida Los Almendros y la Calle Pujilí.

Figura 2.1: Fachada Principal Universidad Técnica de Cotopaxi Extensión La Maná
Fuente: El Autor

2.1.2 Misión

La Universidad "Técnica de Cotopaxi", es pionera en desarrollar una educación para la emancipación; forma profesionales humanistas y de calidad; con elevado nivel académico, científico y tecnológico; sobre la base de principios de solidaridad, justicia, equidad y libertad, genera y difunde el conocimiento, la ciencia, el arte y la cultura a través de la investigación científica; y se vincula con la sociedad para contribuir a la transformación social-económica del país.

2.1.3 Visión

En el año 2015 seremos una universidad acreditada y líder a nivel nacional en la formación integral de profesionales críticos, solidarios y comprometidos en el cambio social; en la ejecución de proyectos de investigación que aporten a la solución de los problemas de la región y del país, en un marco de alianzas estratégicas nacionales e internacionales; dotada de infraestructura física y tecnología moderna, de una planta docente y administrativa de excelencia; que mediante un sistema integral de gestión le permite garantizar la calidad de sus proyectos y alcanzar reconocimiento social.

2.1.4 Objetivos de la Institución

- Formar profesionales de tercer nivel con liderazgo y pensamiento crítico social, dotados de competencias integrales que les permitan responder a los desafíos de la sociedad.

- Generar investigación científica que permita desarrollar el conocimiento científico y tecnológico, para contribuir a la solución de los problemas sociales, culturales, económicos y productivos del cantón La Maná, la región y del país.

- Fortalecer las relaciones interinstitucionales con los sectores sociales y productivos de la región, a través de la concertación de compromisos que permitan una interacción social.

- Implementar un sistema integrado de gestión que permita elevar los niveles de eficiencia, eficacia y efectividad de los procesos administrativos de la Sede.

2.2 Tipo De Investigacion Utilizado.

La modalidad investigativa que se ha utilizado en esta tesis es la denominada cuali-cuantitativa. La investigación cualitativa es el procedimiento metodológico que se caracteriza por utilizar palabras, textos, discursos, dibujos, gráficos e imágenes para comprender la gestión operativa por medio de significados y desde una perspectiva holística, pues se trata de entender el conjunto de cualidades interrelacionadas que caracterizan a un determinado fenómeno y se la aplico para determinar los objetos cualitativos del problema como el mal servicio, eficiencia y más.

La investigación cuantitativa se caracteriza por recoger, procesar y analizar datos cuantitativos o numéricos sobre variables previamente determinadas. Esto ya hace darle una connotación que va más allá de un mero listado de datos organizados como resultado; pues estos datos que se muestran en el informe final, están en total consonancia con las variables que se declararon desde el principio y los resultados obtenidos van a brindar una realidad específica a la que estos están sujetos. Dicha metodología se la aplico para ratificar estadísticamente los síntomas de la problemática.

Los tipos de investigación aplicados son:

- **Bibliográfica**: este tipo de investigación se la desarrolla en base a la recopilación de la información de fuentes primarias, se la utilizo para desarrollar el marco teórico caracterizado por aspectos de redes de diverso tipo y la seguridad en las mismas.

- **De Campo**: se la lleva a cabo en base a encuestas o entrevistas y se la aplico para desarrollar el marco metodológico, fue llevada a cabo en la Universidad Técnica de Cotopaxi extensión La Maná.

2.3 Técnicas e instrumentos

Para la recolección de información se utilizó dos técnicas: la encuesta y la entrevista.

2.3.1 La encuesta (Ver Anexo A).

La encuesta es una técnica de adquisición de información de interés sociológico, mediante un cuestionario previamente elaborado, a través del cual se puede conocer la opinión o valoración del sujeto seleccionado en una muestra sobre un asunto dado.

En este trabajo investigativo se empleará una encuesta general al personal administrativo, personal docente y alumnos de la Institución.

Instrumento.

- Cuestionario

2.3.2 La entrevista (Ver Anexo B).

En este proyecto se realizó una entrevista al Coordinador General y demás autoridades de la Extensión, con el fin de obtener la información necesaria para el proyecto.

Instrumento

* Guía de entrevista

2.4 Población y Muestra

La población involucrada en la problemática descrita en el inicio de este trabajo investigativo está estructurada de la siguiente forma:

Personal de la Universidad Técnica de Cotopaxi quienes forman parte de la encuesta del periodo Académico Septiembre 2013 – Febrero 2014	
Involucrados	**Cantidad**
Personal administrativo y trabajadores	11
Docentes	38
Alumnos	380
TOTAL	**429**

Tabla 2.1: POBLACIÓN TOTAL DE LA UTC "LA MANÁ"
Fuente: Universidad Técnica de Cotopaxi Extensión La Maná

Se define como la muestra a un porcentaje de la población a investigar, se la calculó en base a la siguiente fórmula:

Fórmula:

$$M = \frac{P}{(P-1)*E^2 + 1}$$

Descripción:

P = Población

M = Tamaño de la muestra

E = Error (0,08)

Desarrollo de la fórmula:

$$M = \frac{429}{(429-1)\,(0,08)^2 + 1}$$

$$M = \frac{429}{}$$

$$429$$

$$(428)(0,0064) + 1$$

$$M= \frac{429}{2,7392 + 1}$$

$$M= \frac{429}{3,7392}$$

*M= 114,73 = 115, t*amaño total de la muestra a tomar para la es de **115 personas**.

2.5 Análisis e interpretación de resultados

A continuación se muestra los resultados obtenidos con el instrumento de investigación como es la entrevista la cual se realizó en la Universidad Técnica de Cotopaxi Extensión La Maná, siendo esta información necesaria para la implementación de esta propuesta.

2.5.1 Resultados obtenidos en la entrevista realizada al Coordinador general y autoridades de la Universidad Técnica de Cotopaxi Extensión La Maná.

PREGUNTAS

1. ¿Tiene conocimientos de lo que son los servicios de localización?

Si, se trata de tecnologías que se utilizan para rastrear o localizar objetos o personas, actualmente en la universidad se está trabajando con internet inalámbrico y cableado pero carecemos de esta tecnología, y me parece un gran tema a implementar en la universidad que solucionará y mejorará los problemas actuales con los recursos de la misma.

2. ¿Considera usted que la implementación de Sistemas de localización empleando tecnologías inalámbricas en la Universidad Técnica de Cotopaxi Extensión La Maná mejorará la localización de los diferentes activos?

Si, he escuchado de instituciones que cuentan con este tipo de tecnología pero aquí en la extensión no la tenemos, sería fenomenal contar con tecnología como esta que mejore la parte operativa de la Institución.

3. ¿Qué beneficios cree Ud. Que obtendrá la Institución con esta Implementación?

La Universidad obtendría grandes beneficios ya que actualmente los inventarios de recursos es muy pobre y se lo hace manual es más habido problemas con bienes que se han perdido al no existir un control de la salida de los mismos al contar con servicios de localización se garantizará un mejor control en todo el edificio y en cada uno de los departamentos.

4. ¿Cree ud. que con este servicio mejore el nivel de seguridad de los recursos como inventarios en las diferentes oficinas que existen dentro de la institución?

Si es muy viable ya que actualmente las oficinas no están realizando un verdadero control de sus recursos, al contar con servicios de localización facilitará el ubicar exactamente la posición de los mismos evitando pérdidas o robos

5. ¿Considera que los empleados, docentes y alumnos se adaptaran al uso de este tipo de tecnología?

 Si, todo cambio es difícil al principio y es obvio que habrá resistencia en algunas personas en especial de los que no manejan mucho la tecnología pero al conocer los beneficios que esta va a ofrecer y la facilidad de emplear dispositivos inalámbricos terminará adoptándose la misma.

2.5.1.1 Interpretación de la entrevista.

Después de realizado esta entrevista se llegó a concluir, que implementar este tipo de tecnología llegara a ser muy útil a la Universidad Técnica de Cotopaxi Extensión La Maná y será de gran ayuda para todos quienes forman parte de la misma, pues se dotará de una solución al manejo y control de los inventarios de la Institución.

2.5.2 Análisis e interpretación de resultados obtenidos durante la encuesta realizada en la Universidad Técnica de Cotopaxi Extensión La Maná.

A continuación se muestra los resultados logrado con el instrumento de investigación como es la encuesta la cual se ha realizado a los estudiantes, docentes y personal administrativo de Universidad Técnica de Cotopaxi Extensión La Maná, estos resultados se representan en tablas y luego para su interpretación se ha utilizado gráficos estadísticos de pastel, los cuales permiten culminar con el análisis e interpretación de los resultas de la encuesta.

1. ¿Ha utilizado usted alguna de las tecnologías inalámbricas existentes como el Bluetooth o Wifi?

A) SI
B) NO

ALTERNATIVAS	FRECUENCIA	PORCENTAJE
SI	111	96,52%
NO	4	3,48%
TOTAL	115	100%

Tabla 2.2: Resultados De La Pregunta N° 1
Fuente: Encuesta

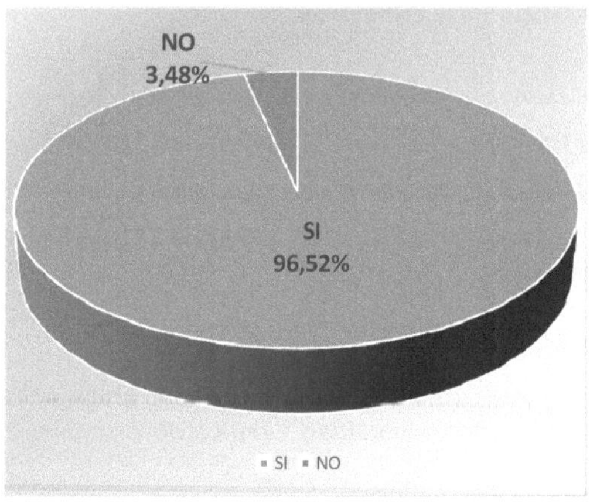

Figura 2.2: Porcentaje Pregunta N° 1
Fuente: Encuesta

Análisis e interpretación

Podemos observar con los datos obtenidos en esta pregunta que un gran porcentaje de encuestados utilizan diariamente las tecnologías inalámbricas bluetooth y wifi y saben de su funcionamiento.   .

2. **¿Ha escuchado de las tecnologías inalámbricas Rfid Y Qrcode?**

   A) SI
   B) NO

ALTERNATIVAS	FRECUENCIA	PORCENTAJE
SI	41	35,65%
NO	74	64,35%
TOTAL	**115**	**100%**

Tabla 2.3: Resultados De La Pregunta N° 2
Fuente: Encuesta

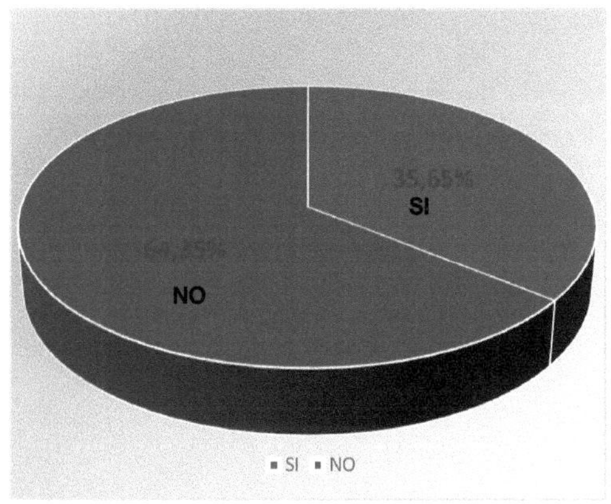

Figura 2.3: Porcentaje Pregunta N° 2

Fuente: Encuesta

Análisis e interpretación

Podemos observar que la gran mayoría de involucrados no han escuchado de las tecnologías inalámbricas RFID y QRCODE por lo que es importante explicarles su funcionamiento y ventajas.

3. **¿Usted alguna vez ha utilizado algún servicio de localización de personas u objetos como el Gps?**

   A) SI
   B) NO

ALTERNATIVAS	FRECUENCIA	PORCENTAJE
SI	23	20%
NO	92	80%
TOTAL	**115**	**100%**

Tabla 2.4: Resultados De La Pregunta N° 3

Fuente: Encuesta

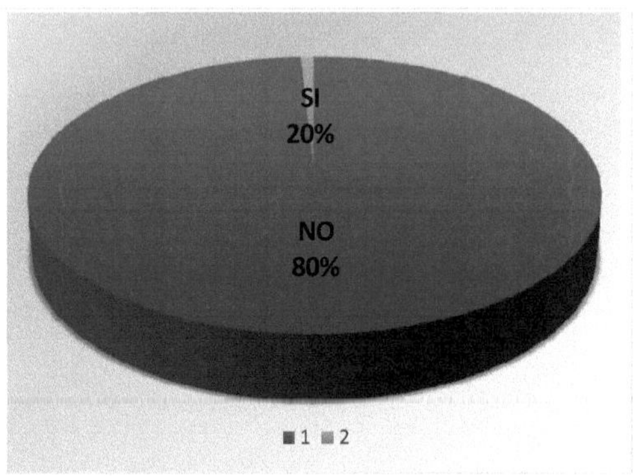

Figura 2.4: Porcentaje Pregunta N° 3
Fuente: Encuesta

Análisis e interpretación

Un alto número de encuestados nos indican que no han utilizado un GPS, pero que si saben de su funcionamiento y para qué sirve.

4. **¿Considera usted que es adecuada o eficiente el manejo de inventarios actualmente en la Institución?**

ALTERNATIVAS	FRECUENCIA	PORCENTAJE
SI	11	10%
NO	104	90%
TOTAL	**115**	**100%**

Tabla 2.5: Resultados De La Pregunta N° 4
Fuente: Encuesta

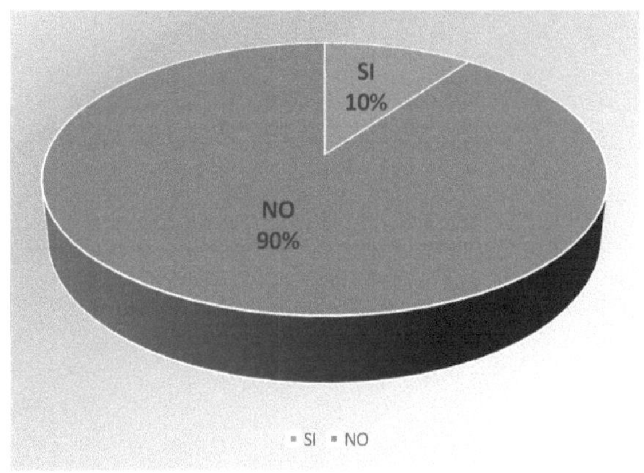

Figura 2.5: Porcentaje Pregunta N° 4

Fuente: Encuesta

Análisis e interpretación

Se puede evidenciar según las respuestas que casi la totalidad de los encuestados afirman que no se cuenta con un adecuado manejo del control de inventarios en la Extensión.

5. **¿Está usted de acuerdo con que se dote a la universidad con un sistema de localización de inventarios basados en tecnologías inalámbricas?**

   A) SI
   B) NO

ALTERNATIVAS	FRECUENCIA	PORCENTAJE
SI	114	99,13%
NO	1	0,87%
TOTAL	**115**	**100%**

Tabla 2.6: Resultados De La Pregunta N° 5

Fuente: Encuesta

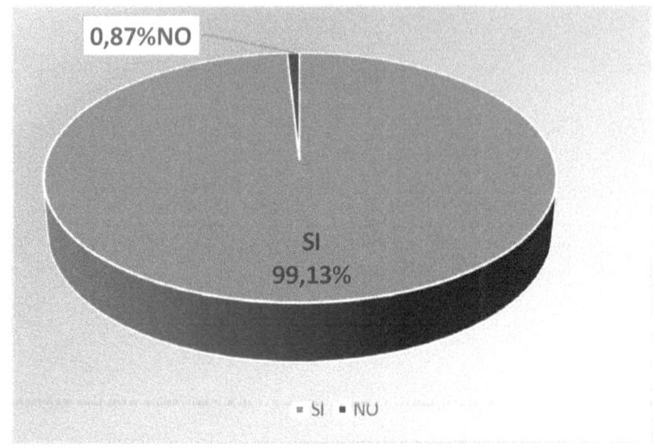

Figura 2.6: Porcentaje Pregunta N° 5

Fuente: Encuesta

Análisis e interpretación

Con respecto a la pregunta. Casi en su totalidad de la población que fue encuestada está de acuerdo que la Universidad Técnica de Cotopaxi extensión La Maná debe mejorar su tecnología, de esta manera tendrá mayor realce como institución y mayor productividad.

6. **¿Considera que la implementación de un sistema de localización de inventarios mejorará la seguridad de los mismos dentro de la Institución?**

   A) SI
   B) NO

ALTERNATIVAS	FRECUENCIA	PORCENTAJE
SI	112	97,39%
NO	3	2,61%
TOTAL	115	100%

Tabla 2.7: Resultados De La Pregunta N° 6

Fuente: Encuesta

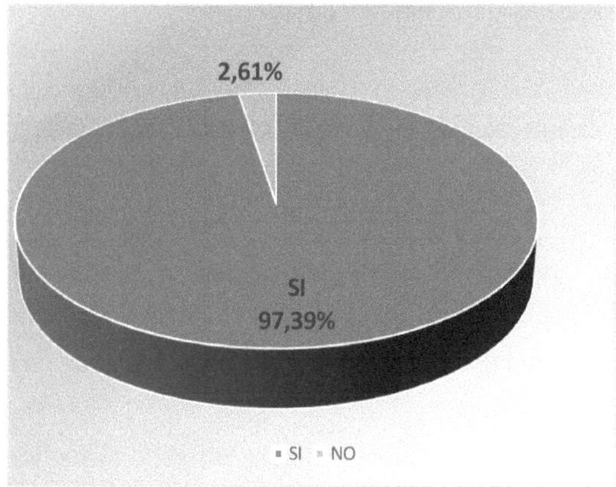

Figura 2.7: Porcentaje Pregunta N° 6
Fuente: Encuesta

Análisis e interpretación

Vemos que la mayoría de encuestados concuerdan que esta implementación mejorará la seguridad del control de inventarios en la Institución.

2.6 Propuesta del Investigador

Una vez aplicados los instrumentos tanto las entrevistas como las encuestas se puede establecer la necesidad de aplicar dicho proyecto de investigación la cual consistirá en dotar a la Universidad Técnica de Cotopaxi Extensión La Maná de las herramientas necesarias para localizar los diferentes recursos de inventarios de la Institución que en la actualidad es completamente nula por eso el problema con pérdidas de equipos y materiales con la implementación de este tipo de tecnologías se garantizara el mejoramiento de la parte operativa interna institucional.

2.7 Conclusiones parciales del capitulo

- No se cuenta con un sistema para el control de inventarios dentro de la Extensión.

- Muchas operaciones no se pueden realizar rápidamente por falta de un sistema automatizado para el control de inventarios e incluso muchos equipos y materiales se han extraviado por la falta de un control adecuado.

- El control de inventarios en la actualidad se lo realiza de forma manual lo cual no está acorde a la realidad actual de la Institución.

- La Universidad debe aprovechar las ventajas físicas y de equipos que posee en la actualidad utilizando un correcto sistema de control de los mismos.

- Los niveles de control de equipos y materiales en la Universidad es prácticamente nulo.

- Se requiere complementar a toda la Extensión con la IMPLEMENTACIÓN DE SERVICIOS DE LOCALIZACIÓN UTILIZANDO TECNOLOGÍA INALÁMBRICA PARA EL CONTROL DE INVENTARIOS que permitan optimizar todos los recursos dentro de la Institución.

CAPÍTULO III

3. MARCO PROPOSITIVO

3.1 Tema.

"SERVICIOS DE LOCALIZACIÓN BASADA EN TECNOLOGÍAS INALÁMBRICAS PARA LA GESTIÓN OPERATIVA DE INVENTARIOS DE LA UNIVERSIDAD TÉCNICA DE COTOPAXI EXTENSIÓN LA MANÁ"

3.2 Objetivos De La Propuesta

3.2.1 Objetivo General:

- Implementar servicios de localización basados en tecnologías inalámbricas para la gestión operativa de inventarios de la Universidad Técnica de Cotopaxi Extensión La Maná.

3.2.2 Objetivos Específicos:

- Desarrollar un sistema basado en tecnologías inalámbricas para el control de inventarios.

- Diseñar la interfaz de software de comunicación con el sistema.

- Determinar el tipo de información que el sistema debe manejar para llevar el control preciso de existencias.

- Definir el tipo de tarjeta de radiofrecuencia para implementar en los equipos de la Institución y obtener su reconocimiento.

- Validar la propuesta respectiva con las autoridades universitarias.

3.3 Desarrollo de la Propuesta

3.3.1 Definición de la Metodología

La metodología a desarrollar intenta cubrir la mayor parte de los puntos ó tecnologías que podrían estar involucrados en las aplicaciones de esta naturaleza; la idea es desarrollar las bases que permitan detectar todos los problemas que se deben resolver cuando se desea implementar un sistema con tecnología RFID.

Para el desarrollo del proyecto piloto de la aplicación se utilizará la Metodología de análisis de software clásica o en cascada.

Consideraciones previas:

- Medir la situación actual de la Institución.

- Identificar los procesos previos básicos susceptibles de mejora.

- Recolección de datos para cada proceso.

- Estimar costos del proyecto.

Durante el desarrollo:

- Control de tiempos, costos y equipo de desarrollo.

- Participación de las áreas involucradas.

- Medir paso a paso los resultados que se vayan obteniendo.

- Estimar desviaciones y hacer ajustes.

- Calcular costos involucrados en cada etapa del proyecto.

Después del desarrollo:

- Resultados numéricos tras la inversión (costos finales, beneficios obtenidos).

- Conversión de estos datos en valores monetarios.

- Analizar su incidencia en ahorro de costos, incremento de operatividad, aumento de márgenes con respecto a las situaciones anteriores.

Puntos a considerar para integrar una tecnología RFID:

- Comprender las necesidades específicas de la Universidad.

- Conocer diferentes tecnologías de RFID, ambiente de uso y tipos de producto y de embalaje.

- Aportar referencia de casos de éxito.

- Estar asociados con otros sectores de RFID.

- Proporcionar una gama de completa de etiquetas, lectores y software.

- No intentar cambia un entorno general de la Institución para ajustar una solución.

- Aportar desarrollo y asistencia continua siempre que sea necesario.

3.3.1.1   Metodología de análisis de Software en Cascada

Esta metodología toma las actividades fundamentales del proceso de especificación, desarrollo, validación y evolución y las representa como fases separadas del proceso.

El modelo en cascada consta de las siguientes fases:

– **Análisis y definición de requisitos:** Esta fase comprendería desde la posible obtención de unos objetivos o requisitos iniciales para determinar la viabilidad del sistema y escrutar las distintas alternativas de solución, pasando por la elaboración del catálogo de requisitos, hasta la realización de casos de uso, prototipado de pantallas e informes, como una primera especificación del plan de pruebas.

– **Diseño de Sistema y Software:** El análisis describe el sistema sin entrar en características propias de la implementación, es en esta fase donde se adapta ese análisis generalista a la solución concreta que se quiere llevar a cabo, definiéndose la arquitectura general del sistema de información, su división en subsistemas de diseño, el modelo de datos lógico, el modelo de clases (en el caso de un diseño orientado a objetos), la especificación detallada del plan de pruebas, etc…

– **Codificación, implementación y pruebas de unidad:** En esta fase se realiza la construcción del sistema de información y las pruebas relacionadas con dicho proceso, como son las unitarias, integración y de sistema, así como otras actividades propias de las etapas finales de un desarrollo como es la realización de la carga inicial de datos (si bien en muchos casos se deja esto para cuando el producto está en producción) y/o la construcción del procedimiento de migración.

– **Integración y Pruebas del Sistema:** En esta etapa se realizaría la instalación del sistema en un entorno de pruebas lo más parecido posible al de producción (entorno de preproducción) donde se realizarían las pruebas de implantación (que verifican principalmente aspectos no funcionales) y las de aceptación, donde los usuarios validan que el sistema hace lo que realmente esperaban (sin que se deba olvidar que los límites los establecen los modelos realizados previamente y que han debido ser validados). Por último se realizaría la implantación del sistema en el entorno de producción.

– **Operación y Mantenimiento:** Una vez que el sistema se encuentra en producción, se realizarán sobre el mismo diversas tareas de mantenimiento, que en función de su naturaleza se clasifican en correctivos, evolutivos, adaptativos y perfectivos. Estas tareas de mantenimiento serán consecuencia de incidencias y peticiones reportadas por los usuarios y los directores usuarios.

Cada fase tiene como resultado documentos que deben ser aprobados por el usuario, una fase no comienza hasta que termine la fase anterior y generalmente se incluye la corrección de los problemas encontrados en fases previas.

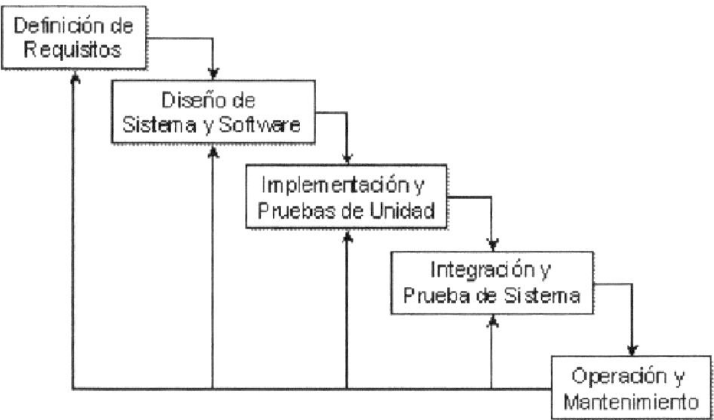

Figura 3.1: Modelo de desarrollo en cascada.

Fuente: es.scribd.com/doc/35015019/Metodologia-en-Cascada

En la práctica, este modelo no es lineal, e involucra varias iteraciones e interacción entre las distintas fases de desarrollo.

Este modelo sólo debe usarse si se entienden a plenitud los requisitos. Aún se utiliza como parte de proyectos grandes.

3.3.2 Costo - Beneficio

El primer criterio a considerar es la relación costo-beneficio, esto es, minimizar los costos pero cubriendo totalmente los requerimientos. Si bien para la cuantificación de los costos simplemente se consideran todos los rubros en los que se ha invertido, el cálculo del beneficio es difícil de medir; sin embargo, se puede determinar mediante una estimación de los ahorros generados por el ordenamiento de los procesos, el incremento de los niveles de confianza, las rebajas de mano de obra o la satisfacción del usuario y las mejoras de comunicación, entre otros factores.

Para esta propuesta los costos son muy bajos en vista que lo más costoso que es el hardware si se adquiría un lector Rfid de grandes prestaciones fue reemplazado con un prototipo desarrollado y ensamblado en arduino que cumple las mismas características y prestaciones pero que en gastos es muchísimo menor su desarrollo e implementación lo cuál puede ser aprovechado para poder implementarse en diferentes áreas de la Institución.

3.3.3. Identificación de Soluciones RFID

Para determinar los procesos y aplicar la identificación de radiofrecuencia en las áreas que se requiera, es necesario identificar los puntos que cambiaran los procesos de negocio y que a continuación se mencionan.

- En qué áreas se considera usar RFID.

- Que retos resolverá la implementación.

- Como impactará en su entorno de computación.

- Cuál será el beneficio.

- Cuáles son las metas inmediatas y a largo plazo con RFID.

Con esta información se integra la estrategia de diseño con la tecnología RFID en la Universidad y así proporcionar una infraestructura en la organización para su correcta ejecución; para su alineación estructurada se deben considerar los siguientes lineamientos:

- Identificación del problema y las diferentes áreas de oportunidad.

- Definir soluciones posibles y su impacto.

- Crear un plan la introducción de la tecnología que sea acertado y que este bien soportado.
- Evaluación de resultados.

3.3.4 Definición de Solución y Desarrollo Piloto

Esta fase proporciona la oportunidad de probar la solución en un ambiente más controlado, mientras se preparan los planes detallados para la ejecución real; el saltar esta etapa traería consecuencias costosas, ya que por una mala definición del problema la Universidad Técnica de Cotopaxi Extensión La Maná podría incurrir en esfuerzos adicionales y riesgos, causando un efecto negativo. Por ello, en esta etapa es necesario contar con un programa piloto a pequeña escala que permitirá determinar cuáles son los requerimientos potenciales, cambios en los procesos, costos, beneficios, impacto y riesgos en la introducción RFID.

Es necesario definir una arquitectura de distribución con información detallada de la forma en que se recopilará y utilizará la información de RFID dentro del Establecimiento.

Preparar los sistemas actuales para manejar los datos recopilados por RFID

- Identificar los indicadores clave de desempeño de los procesos más importantes y determinar la forma en que los datos RFID pueden mejorar dichos procesos.

- Evaluar las condiciones de recopilación de datos para determinar la colocación óptima de los lectores.

- Diseñar la forma en la que los datos serán filtrados, sincronizados y distribuidos.

Administrar y utilizar los datos generados por RFID

- Elaborar un plan con tiempos para el proceso de implantación de RFID, comenzando con un proceso sobre el que se tenga un control total.

- La aplicación de las mejoras en incrementos a cadenas de distribución complejas puede producir resultados significativos.

Identificar la infraestructura para la recopilación de datos con las tarjetas RFID

- Seleccionar el software y dispositivos que se utilizarán para recopilar datos e informar en ellos.

- Validar el proyecto de RFID esté bien integrado con el resto de los sistemas empresariales.

- Definir la afectación de su implementación.

La implementación piloto permitirá proporcionar una metodología eficaz para verificar la validez de la arquitectura técnica, además de proporcionar información adicional para los ajustes a la solución. Así mismo, servirá para probar el desempeño del hardware y software permitiendo identificar las limitaciones de la arquitectura. Por ello es recomendable estructurar el proyecto piloto de tal forma que los alcances sean delimitados y acotados a ciertos procesos preseleccionados y tener un mejor control.

3.3.5 Evaluación del proyecto piloto

Una vez desarrollado el piloto, es necesario evaluar sus resultados antes de iniciar un proyecto completo de RFID, por lo que se deben considerar los siguientes puntos:

Arquitectura Técnica.- La definición de la arquitectura técnica debe de ser robusta y escalable para el manejo de datos generados por las etiquetas de RFID, por lo que deberá de operar en un esquema de 24/7(horas/días) para apoyar las necesidades de la Universidad. Así mismo, especificar los modelos de datos correctos que deberán ser capturados y procesados, mismos que deberán ser flexibles y extensibles para que la solución pueda relacionarse más fácilmente con una o varias aplicaciones.

Arquitectura de Negocio u Organizacional.- Los procesos deben de establecerse correctamente de acuerdo a los objetivos de las áreas, grupos de trabajo y personas participantes, mismos que deberán de ser alineados e integrarlos al proyecto; de igual manera, las reglas de compromiso y responsabilidad deberán ser claras para evitar confusión y conducir a la toma rápida de decisiones.

Identificación de riesgo y plan de mitigación.- Es importante tener una identificación de riesgos bien trabajada y el plan de mitigación para identificar los factores potenciales de amenaza internos y externos, proporcionando soluciones para minimizar o anular su impacto.

Análisis de costo-beneficio.- Con el análisis de costo beneficio se podrá tomar la decisión final para continuar con la siguiente etapa del proyecto, así como el periodo de retorno de inversión, mientras más corto sea éste, más atractivo será el proyecto desde el punto de vista financiero.

Aceptación del proyecto. Los integrantes deberán de conciliar y asegurarse de estar de acuerdo con la solución propuesta y confirmar su papel en el desarrollo del proyecto.

3.3.6 Plan de Implantación

Para la implantación del proyecto RFID se deberán contemplar los siguientes puntos:

- Establecer primero los proyectos pequeños.

- Cimentar los estándares.

- Comenzar con un proyecto piloto al nivel de transacciones.

- Movimiento de los datos piloto de las transacciones a la información determinante de la Universidad.

- Analizar los procesos de la Institución para identificar los valores potenciales.

3.3.7 Evaluación de Resultados

Ninguna solución está completa si no incluye una evaluación del éxito obtenido en cubrir los requerimientos de inicio. El desarrollo de la métrica de los resultados es crítico para garantizar que los datos pertinentes y el proceso para su captura se han desarrollado y aplicado correctamente. El no hacer una métrica correcta puede significar un problema y requerir la revisión completa y actualización de varios factores como la arquitectura, del proyecto, el plan de mitigación y de riesgo y el piloto inclusive. La definición de la métrica varía por el tipo de aplicación y los procesos de ser medidos.

3.4 Descripción del sistema.

Una vez considerada la parte administrativa de la metodología, se analizan los componentes físicos y lógicos de la implementación.

3.4.1 Infraestructura Hardware y Software

A continuación se describe la infraestructura utilizada para la realización de esta tesis:

Tarjetas RFID pasivas.- Estos componentes se utilizan para identificar el producto mediante el número de identificación único, usando un lector para intercambiar la información; las tarjetas utilizadas para este proyecto son de tipo pasivas, de diferentes proveedores.

Lector de RFID.- Para que el costo no fuera un factor prohibitivo para su implementación se utilizó un prototipo de lector que permite evaluar esta tecnología en los diferentes procesos de control de existencias. Este lector es un prototipo Arduino con conexión y entrada USB, que permite realizar la lectura de tarjetas y enviar a un equipo los datos del identificador único, mismo que permitirá enlazar los objetos.

Equipo de cómputo.- El equipo debe permitir la interfaz entre hardware y software para la integración de los datos en el sistema; esto permite el almacenamiento y explotación de la información, para controlar las existencias en general. Para este caso en especial se usará una computadora laptop Dell, modelo Alienware con procesador Intel Core i7, @2.40 GHz, 8 GB de RAM, almacenamiento en disco duro de 750GB, y sistema operativo Windows 8 como máquina inicial de pruebas, pero en la Institución se dotarán máquinas de escritorio marcas HP con procesadores I7 de 2.4Ghz de 4Gb de memoria Ram y 750 Gb de disco duro con un sistema operativo Windows 7 Profesional tanto para el departamento de Bodega como para la Biblioteca donde se proyecta van a ser instalados el Software y dotados de lectores para el respectivo control de activos.

Base de datos. Para este proyecto se escogió SQL Server 2008 *express*, ya que cuenta con una mejor integración con el entorno de desarrollo y está disponible en una versión gratuita.

Visual Basic.Net 2010. Herramienta para programación orientada a objetos, que cuenta con facilidad de conexión, transparencia para la generación de aplicaciones de redes, con una amplia biblioteca de clases disponible al programador.

3.4.2 Arquitectura del Sistema de Desarrollo

Para proponer un sistema efectivo, proporcionando seguridad y sobre todo que los componentes sean de bajo costo, es importante considerar en la metodología la implantación los siguientes componentes:

Conectividad.- Los componentes que se deben considerar para interconexión son el equipo de cómputo, el lector RFID y las tarjetas controladoras, mismas que se deben conectar a través de un cable USB.

Funcionamiento básico.- El funcionamiento se basa en uno de los módulos de software, que constantemente se encuentra haciendo un muestreo de peticiones formuladas a la base de datos (BD), desde el lector serial. Cuando el lector RFID recibe una instrucción se realiza una lectura; para ello se envía una señal al entorno en búsqueda de emisores RFID, si encuentra una lectura, obtiene el número de identificación y lo envía a la computadora.

Arquitectura física.- El sistema permitirá además llevar la administración del inventario de bienes de la institución así como se maneja el préstamo de ciertos equipos de la Institución y que tiene asignado alguno de los bienes controlados por el mismo; para ello se implementarán módulos de registro de bienes, de autorización de entrada y salida de equipos y de generación de reportes de existencia y de actividad, tal como se muestra en la Figura 3.2 en la cual se pueden observar como es el procedimiento por bloques del sistema en donde se interconectan el hardware con el software para brindar el funcionamiento general del Sistema de Inventarios Institucional de la Universidad Técnica de Cotopaxi Extensión La Maná

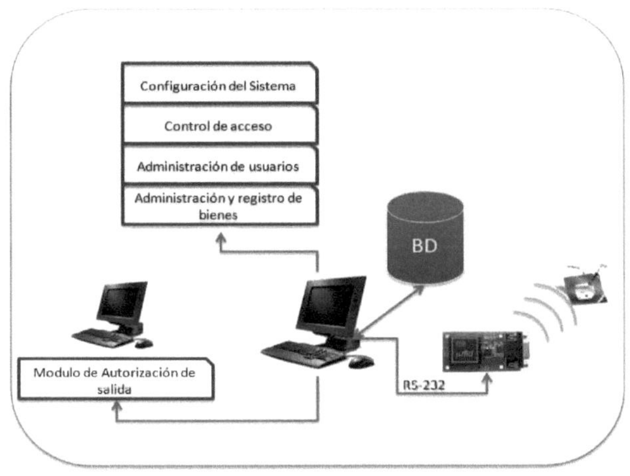

Figura 3.2: Arquitectura Física del Sistema

Fuente: El Autor

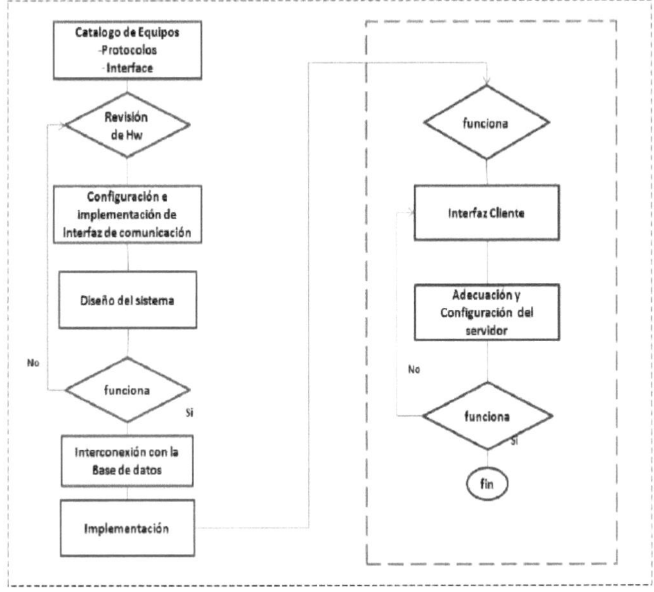

Figura 3.3: Diagrama del Sistema
Fuente: El Autor

Arquitectura Lógica.- Como ya se mencionó, el sistema permite el registro de los bienes y la administración de los usuarios del sistema, contando con las opciones para generación de reportes de altas, bajas y modificaciones, así como la autorización de salida de los bienes; en la Figura 3.4 se muestra el diagrama lógico de estos procesos:

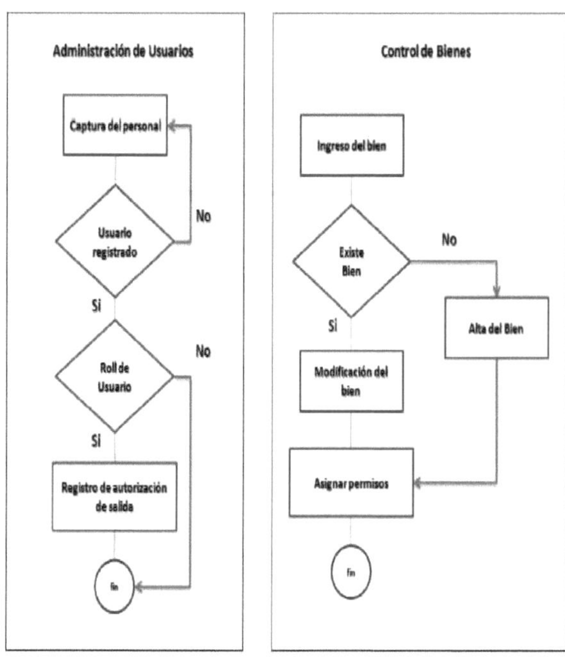

Figura 3.4: Diagramas lógicos del sistema
Fuente: El Autor.

3.4.3. Funcionamiento

El circuito RFID se encarga de sensar etiquetas y emite a través de sus terminales la identificación única (UID) del dispositivo detectado, a través de uno de sus puertos TTL, y posteriormente realiza la conexión con el equipo de cómputo que alberga el sistema de base de datos. Con la idea de reducir los costos del hardware a lo mínimo posible se buscó la tarjeta lectora RFID de menor costo y complejidad en el mercado, pero que cumpliera con los requisitos mínimos del sistema. Sus características principales son las siguientes:

- Módulo lector RFID de solo lectura
- Indicador luminoso de lectura
- Envío del UID leído mediante la interface.

3.5 Descripción del Hardware

3.5.1 Transponder (Tarjetas RFID)

Las etiquetas RFID son unos dispositivos pequeños, similares a una pegatina, que pueden ser adheridas o incorporadas a un producto, un animal o una persona. Contienen antenas para permitirles recibir y responder a peticiones por radiofrecuencia desde un emisor-receptor RFID.

Las tarjetas de RFID empleadas operan a una frecuencia de 125 KHz, y están basadas en el estándar ISO 1770 para tarjetas pasivas de lectura; tiene como dimensiones 85.7mm x 53.98mm.

Existente diferentes tarjetas (*tags*) para la implementación; a continuación se describe las utilizadas en este proyecto:

3.5.1.1 Rfid Mifare 1k CR80 en tarjetas y llaveros

Se escogió estos dos tipos de dispositivos por brindar dos opciones de tags de lectura, y además por su bajo costo y facilidad de adquisición los cuales en las pruebas respectivas no mostraron ningún inconveniente.

Además se trató de utilizarlos dando variedad de opciones para que los usuarios finales tengan mayor variedad para su posterior selección cuando ya se adquiera en gran cantidad para el uso Institucional.

3.5.1.2 Características

- **Tags en forma de tarjetas**

No. del modelo: Smart Card
Función: Identificación, información
Material: PVC
Frecuencia: De alta frecuencia
Tamaño: 86x54x0.8 (+/--0,04) milímetro
Peso: 5.8g+/-0.5g
Color estándar: Blanco
Lea y escriba: 100000 veces
Impresión: impresión en offset, impresión de seda
Gama de la lectura: los 3-10cm
Estilo del molde: Laminación

- **Tags en forma de llavero**

No. del modelo: Key
Función: Identificación, información
Material: Plástico
Frecuencia: De alta frecuencia
Tamaño: 34x12x0.6milímetro
Peso: 3.7g+/-0.5g
Color estándar: Azul
Lea y escriba: 100000 veces
Gama de la lectura: los 3-10cm

Figura 3.5: Targs Rfid tipo tarjetas y llaveros utilizados en el proyecto

Fuente: El Autor

3.5.2 Módulo Lector Rfid-RC522 RF con Arduino

El lector rfid empleado en esta investigación fue elaborado y ensamblado por el autor siguiendo el diseño electrónico presentado en la figura 3.6 cabe indicar que el costo es bajo y accesible y se procedió a realizarlo en vista de los altos costos que representa comprar un lector rfid de grandes prestaciones, lo que garantiza la implementación en muchos lugares de la Universidad simplemente con el ensamble de más prototipos, lo que permitirá mejorar notablemente la distribución en diferentes lugares de la Institución dando un mayor control. Y dejando en libertad a la Universidad de acceder a equipos de mayores prestaciones en el futuro ya que el sistema es compatible con otros lectores Rfid.

El RFID utilizado es un lector externo de escritorio con conexión USB para la configuración de tarjetas a las diferentes soluciones de Control de Acceso, así como para otras marcas de tags que funcionen con el rango de frecuencia detallado en la sección de tarjetas.

El módulo utiliza 3.3 V como voltaje de alimentación y se controla a través del protocolo SPI, así como el protocolo UART, por lo que es compatible con casi cualquier micro controlador, Arduino o tarjeta de desarrollo. El RC522 utiliza un sistema avanzado de modulación y demodulación para todo tipo de dispositivos pasivos de 13.56Mhz. Como se hará una lectura y escritura de la tarjeta, es necesario conocer las características de los bloques de memoria una tarjeta: La tarjeta que viene con el módulo RFID cuenta con 64 bloques de memoria (0-63) donde se hace lectura y/o escritura. Cada bloque de memoria tiene la capacidad de almacenar hasta 16 Bytes. El número de serie consiste de 5 valores hexadecimales, se podría utilizar esto para hacer una operación dependiendo del número de serie.

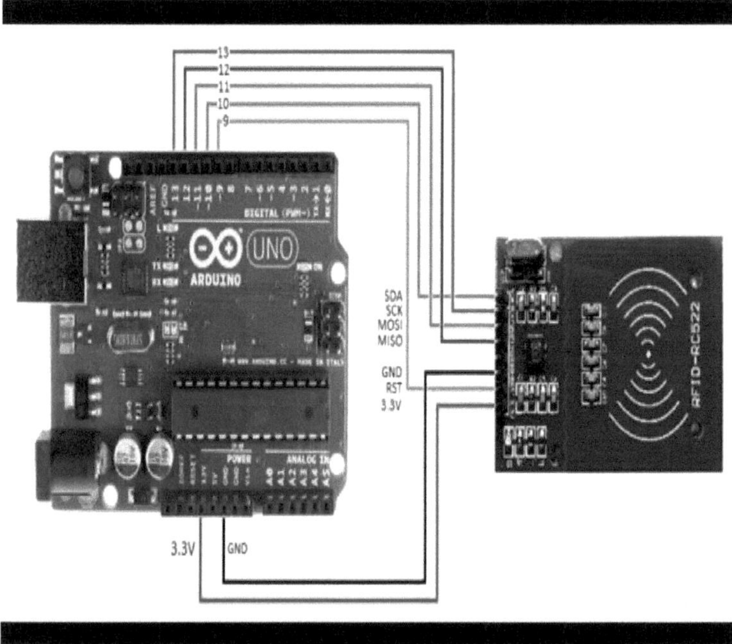

Figura 3.6: Lector Rfid Arduino
Fuente: www.arduino.com

3.5.2.1 Características Técnicas del módulo rfid rc552

Modelo: MF522-ED

Corriente de operación: 13-26mA a 3.3V

Corrientes de stand by: 10-13mA a 3.3V

Corriente de sleep-mode: <80uA

Corriente máxima: 30mA

Frecuencia de operación: 13.56Mhz

Distancia de lectura: 0 a 60mm

Protocolo de comunicación: SPI

Velocidad de datos máxima: 10Mbit/s

Dimensiones: 40 x 60 mm

Temperatura de operación: -20 a 80ºC

Humedad de operación: 5%-95%

Máxima velocidad de SPI: 10Mbit/s

Incluye pines, llavero y tarjeta

Compatible con win 98 / 2000 /XP/Vista/windows7/Win8/win10 (32-64bits)

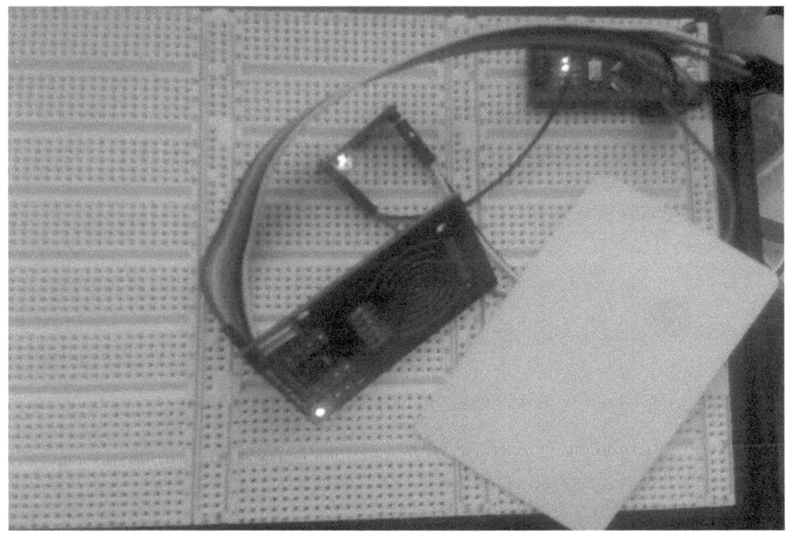

Figura 3.7: Hardware Rfid Arduino armado en funcionamiento en protoboard
Fuente: El Autor

Figura 3.8: Prototipo RFID terminado ensamblado listo para la lectura
Fuente: El Autor

3.6 Descripción del Software

En el desarrollo del software se describirán de acuerdo a la metodología en cascada las fases principales de análisis de software:

3.6.1 Análisis y definición de requerimientos

En esta fase se analizaron las necesidades de los usuarios finales en nuestro caso de la Universidad, se procedió a clasificar las falencias principales que ocurren en el registro de activos que se lo realiza de forma manual lo que trae los siguientes inconvenientes:

Proceso lento ya que se lo realiza de forma manual.
No existe un registro real de préstamos de equipos.
Al no contar con un medio de control dificulta el seguimiento del manejo y trato de los equipos, así como el estado en que son devueltos los activos.

Existe pérdida de tiempo en el procedimiento actual.

Han existido problemas con pérdidas de los documentos físicos.

Por todos estos inconvenientes la realización de esta propuesta esta solventada en solucionar todos ellos y dotar a la Institución de un sistema que automatice el manejo de la información y al mismo tiempo utilizar tecnologías inalámbricas como el rfid que son sencillas de utilizar y garantizan fiabilidad en el manejo de la información, permitiendo dotar a la Universidad de un mecanismo incluso que ayudará a mejorar los indicadores de acreditación institucional que actualmente se encuentra en pleno desarrollo.

3.6.1.1 Propósito

Se pretende como propósito definir las especificaciones funcionales, no funcionales y del sistema para la implementación de un aplicativo que permitirá administrar y realizar el control de inventarios de la institución con la utilización de tecnologías inalámbricas como el Rfid que será utilizada por empleados y administrativos encargados de dichas funciones

3.6.1.2 Alcance

Lo que se pretende alcanzar con el sistema de servicios de localización utilizando tecnologías inalámbricas para la gestión operativa de inventarios en la Universidad Técnica de Cotopaxi Extensión La Maná y tomando los criterios sobre los servicios y metas que quieren alcanzar los usuarios con el sistema enunciamos lo siguiente:

- Manejo automático de la información de activos institucionales.
- Implementación de un sistema automatizado de control de activos que de un control total de la información.
- Almacenar toda la información en una base de datos institucional.
- Tener acceso total a la información de una manera rápida y eficiente.
- Dotar de un sistema basado en la tecnología Rfid que es de fácil manejo

y muy eficiente.

- Mejorar los procesos de manejo de información actuales de la Institución.
- Generar fiabilidad, confiabilidad y seguridad en la información.
- Satisfacer las necesidades actuales de los usuarios y empleados de la Universidad.
- Mejorar la gestión operativa de la Extensión.
- Permitirá tener un registro diario de los activos suministrados a estudiantes y docentes.

3.6.1.3 Personal Involucrado

Dentro de los requerimientos es fundamental señalar el personal humano que va utilizar el sistema los mismos que definimos:

Nombre	Ringo López
Rol	Coordinador General
Profesión	Master en planificación
Responsabilidad	Coordinador del proyecto

Nombre	Emilio Almachi
Rol	Oficinista
Profesión	Abogado
Responsabilidad	Manejo del sistema en archivo

Nombre	Kelly Sánchez
Rol	Encargada centro de cómputo
Profesión	Ingeniera en Sistemas
Responsabilidad	Manejo del sistema en Laboratorios

Nombre	Ana Gallo
Rol	Bibliotecaria

Profesión	Ingeniera Agrónoma
Responsabilidad	Manejo del sistema en Biblioteca

Nombre	Daniel Bolaños
Rol	Bodeguero
Profesión	Bachiller
Responsabilidad	Manejo del sistema en bodega

3.6.2 Diseño del software

Para el diseño del software se toma tanto el diseño de la base de datos en Sql
Server y el desarrollo del aplicativo en Visual Basic.net 2010 os mismos que se
describen a continuación:

3.6.2.1 Base de Datos

Una base de datos (cuya abreviatura es *BD*) es una entidad en la cual se
pueden almacenar datos de manera estructurada, con la menor redundancia
posible. Diferentes programas y diferentes usuarios deben poder utilizar estos
datos.

Existen en el mercado algunos administradores para la creación de base de
datos, entre ellos MySQL, Filemaker, Oracle, Microsoft Access, entre otros.

La Base de Datos utilizada en este proyecto es el Microsoft SQL Server versión
2008, por su versatilidad, manejo y compatibilidad con Visual Basic que es
el lenguaje utilizado para el desarrollo de las interfaces y software general
de control del sistema, esta base de datos se empleará para almacenar todos
los movimientos de registro, ingreso, devolución de materiales de inventario,
etc.

Para crear una base de datos, se tomó en cuenta un esquema llamado dbo (*data base object*), el cual es un diseño predeterminado, para poder armar, ordenar y tener una mejor idea de cómo están relacionados ciertos campos y variables, entre sí.

A continuación se muestra el esquema general del diseño de la Base de Datos con sus respectivas tablas y campos.

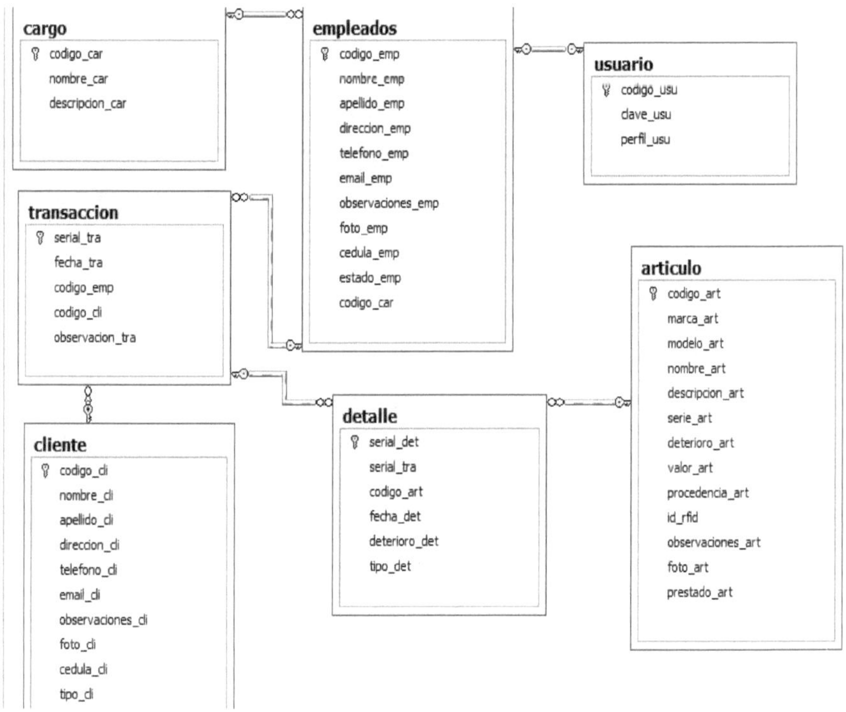

Figura 3.9: Esquema de la Base de Datos en SQL

Fuente: Captura tomada del sistema

3.6.2.2 Diccionario de Datos

Como se puede apreciar en la figura el sistema general consta de siete tablas generales que se describen a continuación:

1. Tabla Cargo

En esta tabla se registra el cargo del usuario que puede ser estudiante o docente que son los usuarios que solicitan el préstamo de bienes a la Institución. Esta tabla se encuentra conformada de los campos:

- Código del cargo (codigo_car).
- Nombre del cargo (nombre_car).
- Descripción del cargo (descripción_car).

2. Tabla Empleados

En esta tabla se realiza el manejo general de los empleados, tanto ingresos, eliminación y edición. Está compuesta por los siguientes campos:

- Código del empleado (codigo_emp).
- Nombre del empleado (nombre_emp).
- Apellido del empleado (apellido_emp).
- Dirección del empleado (dirección_emp).
- Teléfono del empleado (teléfono_emp).
- Correo eléctrónico del empleado (email_emp).
- Observaciones del empleado (observaciones_emp).
- Foto del empleado (foto_emp).
- Cédula del empleado (cedula_emp).
- Estado del empleado (estado_emp).
- Código del cargo (codigo_car).

3. Tabla Usuario

En esta tabla se realiza el ingreso general al sistema por parte del usuario, en la misma se observan los campos:

- Código del usuario (codigo_usu).
- Clave del usuario (clave_usu).
- Perfil del usuario (perfil_usu).

4. Tabla Transacción

En esta tabla se registran y almacenan todos los préstamos realizados por los usuarios. Contiene los campos:

- Código de la transacción (serial_tra).
- Fecha de la transacción (fecha_tra).
- Código del empleado (cod_emp).
- Código del cliente (cod_cli).
- Observación de la transacción (observación_tra).

5. Tabla Artículo

Se utiliza para el manejo general de los artículos o bienes a ser controlados. Está formado por los campos:

- Código del artículo (codigo_art).
- Marca del artículo (marca_art).
- Modelo del artículo (modelo_art).
- Nombre del artículo (nombre_art).
- Descripción del artículo (descripción_art).
- Serie del artículo (serie_art).
- Deterioro del artículo (deterioro_art).
- Valor del artículo (valor_art).
- Procedencia del artículo (procedencia_art).
- Identificación del rfid (id_rfid).
- Observaciones del artículo (observaciones_art).
- Foto del artículo (foto_art).

- Prestado del artículo (prestado_art).

6. Tabla Detalle

En esta tabla se almacenan los datos para el reporte general de los movimientos de los bienes entregados. Está integrada por los campos:

- Serial del detalle (serial_de).
- Serial de la transacción (serial_tra).
- Código del artículo (codigo_art).
- Fecha del detalle (fecha_det).
- Deterioro del detalle (deterioro_det).
- Tipo de detalle (tipo_det).

7. Tabla Cliente

En esta tabla se realiza el manejo total de los usuarios del sistema que puede ser un profesor o un alumno. Se encuentra conformada por los campos:

- Código de cliente (codigo_cli)
- Nombre del cliente (nombre_cli).
- Apellido del cliente (apellido_ cli).
- Dirección del cliente (direccion_ cli).
- Teléfono del cliente (telefono_ cli).
- Correo eléctrónico del cliente (email_ cli).
- Observaciones del cliente (observaciones_ cli).
- Foto del cliente (foto_ cli).
- Cédula del cliente (cedula_cli).
- Tipo de cliente (tipo_cli).

3.6.3 Desarrollo del Sistema

El software principal de control se encuentra diseñado en Visual Basic 2010, se eligió este lenguaje por la gran variedad de herramientas disponibles para el diseño y ensamble de todas las configuraciones a utilizar, por su compatibilidad con SQL Server en donde está diseñada la base de datos principal y especialmente por la facilidad de poder conectar con el hardware RFID establecido en esta investigación, a continuación se describirá brevemente el funcionamiento básico del sistema y se incluirá en anexos un manual de usuario completo del manejo del sistema que servirá de guía para las personas que utilicen el mismo.

El sistema está basado en un formulario principal que es el encargado de suministrar los menús principales del sistema estos son: Consultas, Préstamos, Estadísticos y Administración.

Los almacenamientos se realizan automáticamente en la Base de Datos en SQL Server 2008 descrita anteriormente de igual manera si existen modif

Cada uno de los mismos realiza una función específica que está indicada detalladamente en el manual de usuario proporcionado en la sección de anexos.

Para detalle del desarrollo del software en visual basic se tomó dos formularios con su respectivo diseño y codificación:

3.6.3.1 Formulario de ingreso de clientes

En este menú se podrá ingresar los usuarios nuevos al sistema de control de inventarios que puede ser un estudiante o a su vez un docente que son los usuarios que solicitan los bienes de la Institución, en la imagen respectiva se observa un usuario ingresado como Docente y su respectivo registro.

Figura 3.10: Menú de Ingresos de usuarios
Fuente: Captura tomada del sistema

Figura 3.11: Registro de usuario
Fuente: Captura tomada del sistema

3.6.3.2 Codificación formulario clientes

- **Registro clientes**

```vbnet
Public Function registrarCliente(ByVal cliente As ingresoCliente, ByVal clave As
String) As Boolean

 'Agregamos el cliente en la base de datos, dependiendo de la cadena de la
dirección del archivos
 ' de la foto llamamos a el método correspondiente, ya sea ingreso con foto o
sin foto.
        Dim sentencia As String

        If cliente.txtFotoDireccion.Text = "" Then

  sentencia = "Insert into cliente (codigo_cli," _  + " nombre_cli,

apellido_cli,cedula_cli,direccion_cli,email_cli,telefono_cli," _

                + "observaciones_cli, tipo_cli) values ('" +

cliente.txtCodigo.Text + "','" + cliente.txtNombre.Text _

                + "','" + cliente.txtApellido.Text + "','" +

cliente.txtRucCedula.Text + "','" _

        + cliente.txtDireccion.Text + "','" + cliente.txtEmail.Text + "','" _

        + cliente.txtTelefono.Text + "','" + cliente.txtObservacion.Text + "','" _

                + cliente.cmb_tipo.Text + "')"

            Return ingresoDatos(sentencia)

        Else    sentencia = "Insert into cliente (codigo_cli, " _

+ "nombre_cli, apellido_cli, cedula_cli, direccion_cli,

email_cli, telefono_cli, " _

                + "observaciones_cli, [foto_cli], tipo_cli) values ('" +

cliente.txtCodigo.Text + "', '" _

 + cliente.txtNombre.Text + "', '" + cliente.txtApellido.Text +  "', '" _

 + cliente.txtRucCedula.Text + "', '" + cliente.txtDireccion.Text + "', '" _

 + cliente.txtEmail.Text + "', '" + cliente.txtTelefono.Text + "', '" _

 + cliente.txtObservacion.Text + "', @imagen,'" _

 + cliente.cmb_tipo.Text + "')"

            Return ingresoFoto(sentencia, cliente.txtFotoDireccion.Text)

        End If

End Function
```

- ## **Modificar Clientes**

```vb
Public Function modificarCliente(ByVal cliente As modificarCliente) As Boolean

 'Modificamos el cliente, si cambia su foto modificamos con una foto como
parametro
 'en otro caso no la modificamos.

 Dim sentencia As String

 If cliente.txtFotoDireccion.Text = "" Then    sentencia = "UPDATE cliente SET

nombre_cli = '" + cliente.txtNombre.Text + "',apellido_cli = '" _

               + cliente.txtApellido.Text + "',direccion_cli = '" +

cliente.txtDireccion.Text _

         + "',telefono_cli = '" + cliente.txtTelefono.Text + "',email_cli = '" _

         + cliente.txtEmail.Text + "',observaciones_cli = '" +

cliente.txtObservacion.Text _

        + "', tipo_cli ='" + cliente.cmb_tipo.Text + "' WHERE codigo_cli = '" _

               + cliente.txtCodigo.Text + "'"

           Return ingresoDatos(sentencia)

       Else

           sentencia = "UPDATE cliente SET nombre_cli = '" +

cliente.txtNombre.Text + "',apellido_cli = '" _

               + cliente.txtApellido.Text + "',direccion_cli = '" +

cliente.txtDireccion.Text _

 + "',telefono_cli = '" + cliente.txtTelefono.Text + "',email_cli

= '" _

               + cliente.txtEmail.Text + "',observaciones_cli = '" +

cliente.txtObservacion.Text _

           + "', tipo_cli ='" + cliente.cmb_tipo.Text + "' ,foto_cli =

@imagen WHERE codigo_cli = '" + cliente.txtCodigo.Text + "'"

           Return ingresoFoto(sentencia, cliente.txtFotoDireccion.Text)

       End If

    End Function
```

3.6.3.3 Formulario Ingreso de Activos o Bienes

Este menú se encarga del proceso de registro nuevos o usados el cuál es controlado con el léctor rfid y los respectivos tags de lectura que se ubicaran en los bienes recibidos y entregados, como se puede observar en la Figura respectiva, en el campo Id. Queda registrado la identificación del tag que automáticamente es leída por el lector y escrita en el software correspondiente pudiendo tener un control de los mismos.

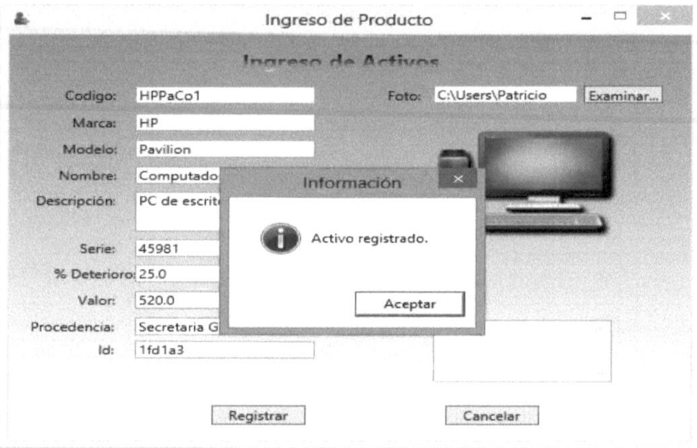

Figura 3.12: Confirmación de registro del bien
Fuente: Captura tomada del sistema

Figura 3.13: Registro de bienes utilizando los respectivos tag y lector respectivamente
Fuente: Captura tomada del sistema

3.6.3.4 Codificación formulario Registro de Productos

```vb
Public Function registrarProducto(ByVal producto As ingresoProducto) As Boolean
        Dim sentencia As String
        If producto.txtFotoDireccion.Text = "" Then
            sentencia = "INSERT INTO articulo
(codigo_art,modelo_art,marca_art,nombre_art," +
                "descripcion_art,serie_art,deterioro_art,valor_art, " _
                + "procedencia_art,id_rfid,observaciones_art,prestado_art)
VALUES('" +   producto.txtCodigo.Text + "', '" _
                + producto.txtModelo.Text + "','" + producto.txtMarca.Text + "','" _
                + producto.txtNombre.Text + "', '" +
producto.txtDescripcion.Text _
                + "', " + producto.txtSerie.Text + ", " _
                + producto.txtDeterioro.Text + ", " + producto.txtValor.Text _
                + ", '" + producto.txtProcedencia.Text + "', '" _
              + producto.txtId.Text + "', '" + producto.txtObservacion.Text + "',0 )"
Return ingresoDatos(sentencia)
 Else
 sentencia = "INSERT INTO articulo VALUES('" + producto.txtCodigo.Text + "', '" _
                + producto.txtMarca.Text + "','" + producto.txtModelo.Text + "','" _
                + producto.txtNombre.Text + "', '" + producto.txtDescripcion.Text _
                + "', " + producto.txtSerie.Text + ", " _
                + producto.txtDeterioro.Text + ", " + producto.txtValor.Text _
                + ", '" + producto.txtProcedencia.Text + "', '" _
 + producto.txtId.Text + "', '" + producto.txtObservacion.Text + "', @imagen,0)"
   Return ingresoFoto(sentencia, producto.txtFotoDireccion.Text)
        End If
    End Function
```

3.6.4 Pruebas del Sistema

La fase de pruebas es una de las más costosas del ciclo de vida software, en sentido estricto, deben realizarse pruebas de todos los artefactos generados durante la construcción de un producto, lo que incluye especificaciones de requisitos, casos de uso, diagramas de diversos tipos y, por supuesto, el código fuente y el resto de productos que forman parte de la aplicación. Obviamente, se aplican diferentes técnicas de prueba a cada tipo de producto software.

Una vez generado el código el software debe ser probado para descubrir el máximo de errores posibles antes de su entrega al cliente final. Es probado para descubrir errores cometidos sin darse cuenta al realizar su diseño y construcción.

Por lo tanto hay que diseñar pruebas que saque a la luz diferentes clases de errores, haciéndolo con la menor cantidad de tiempo y esfuerzo. Inclusive tiene como ventaja ver hasta qué punto las funciones parecen funcionar de acuerdo con las especificaciones y cumplir así los requisitos de rendimiento.

Para realizar pruebas efectivas un equipo de software debe efectuar revisiones técnicas formales y efectivas. Esto elimina muchos errores antes de empezar las pruebas. La prueba comienza al nivel de componentes y trabaja "hacia fuera", hacia la integración de todo el sistema de cómputo. Las pruebas deberían empezar por lo "pequeño" y progresar hacia "lo grande" (módulos).

3.6.4.1 Prueba de Caja Blanca

En programación se denomina cajas blancas a un tipo de pruebas de software que se realiza sobre las funciones internas de un módulo, están dirigidas a las funciones internas. Entre las técnicas usadas se encuentran; la cobertura de caminos (pruebas que hagan que se recorran todos los posibles caminos de ejecución), pruebas sobre las expresiones lógico-aritméticas, pruebas de camino de datos (definición-uso de variables), comprobación de **bucles** (se verifican los bucles para 0,1 y n iteraciones, y luego para las iteraciones máximas, máximas menos uno y más uno.

Las pruebas de caja blanca se llevan a cabo en primer lugar, sobre un módulo concreto, para luego realizar las de caja negra sobre varios subsistemas.

En nuestro proyecto se decidió realizar la prueba de caja blanca sobre el módulo de registro de producto, ya que es quién se encarga de la operación más importante del sistema en este queda registrado los datos del bien que se almacenan en el tag correspondiente para luego ser leído cuando se realice alguna consulta del artículo.

Se realizaron diversas pruebas de funcionamiento del módulo especificado, incluso la compilación línea por línea con diferentes casos y situaciones con tags tanto del modelo de tarjeta como de llavero y una vez terminada la prueba se pudo definir lo siguiente:

- Las líneas de código están definidas adecuadamente y se observa una secuencia de funcionamiento sin inconvenientes.

- Los bucles internos funcionan adecuadamente y se cumplen en tiempos estimados.

- El funcionamiento del módulo es el adecuado y cumple las funciones principales para el cual fue desarrollado que es el ingreso y registro de datos en los tags correspondientes.

- Los dos tipos de Tags utilizados tanto de tarjeta como de llavero funcionaron adecuadamente habiendo la demora en ciertos tags por la frecuencia de los mismos que era limitada y por el alcance del prototipo rfid.

- El almacenamiento de información se cumple satisfactoriamente en la base de datos correspondiente de manera automática y rápida.

- El ingreso y registro correspondiente de información se cumple en los
  tiempos estimados.

- En general se observó un manejo sencillo y rápido del módulo para uso
  práctico del usuario.

3.6.4.2 Prueba de Caja Negra

También conocidas como Pruebas de Comportamiento, estas pruebas se
basan en la especificación del programa o componente a ser probado para
elaborar los casos de prueba. El componente se ve como una "Caja Negra"
cuyo comportamiento sólo puede ser determinado estudiando sus entradas y
las salidas obtenidas a partir de ellas. No obstante, como el estudio de todas
las posibles entradas y salidas de un programa sería impracticable se
selecciona un conjunto de ellas sobre las que se realizan las pruebas. Para
seleccionar el conjunto de entradas y salidas sobre las que trabajar, hay que
tener en cuenta que en todo programa existe un conjunto de entradas que
causan un comportamiento erróneo en nuestro sistema, y como consecuencia
producen una serie de salidas que revelan la presencia de defectos. Entonces,
dado que la prueba exhaustiva es imposible, el objetivo final es pues, encontrar
una serie de datos de entrada cuya probabilidad de pertenecer al conjunto de
entradas que causan dicho comportamiento erróneo sea lo más alto posible. Al
igual que ocurría con las técnicas de Caja Blanca, para confeccionar los casos
de prueba de Caja Negra existen distintos criterios.

3.6.4.3. Aplicación prueba de caja negra

Luego de aplicar la prueba de caja negra y verificar si el sistema cumple a
cabalidad los requisitos enunciados por los usuarios se pudo definir las
siguientes fallas generales:

El aplicativo presentaba dos funcionalidades faltantes:

1. La conexión con el hardware en este caso el dispositivo rfid en ocasiones se perdía comunicación, lo cual es debido al enlace con el puerto COM correspondiente, problema que se soluciona cambiando de puerto de entrada USB del computador y reiniciando el aplicativo respectivo.

2. El número de cédula del usuario en el caso de los usuarios y empleados no se encontraba validada, por lo que se procedió a la validación respectiva para el caso de cédula ecuatoriana, solo se puede registrar un usuario que introduzca un número de cédula válido.

Cabe indicar que en los dos casos detectados se corrigió y solucionó el inconveniente.

3.6.4.4 Prueba de seguridad

Las restricciones aplicadas al software para evitar su depuración, corresponden a la información (valores en el dominio) que registra el usuario. Estas son:

- El ingreso al menú principal del aplicativo se encuentra debidamente controlado y solo el usuario con el usuario y password correctos podrá ingresar a utilizar el sistema.

- Los campos en que se solicita el dominio no aceptan caracteres alfanuméricos, solo numéricos. Si el usuario digita caracteres con las condiciones anteriores, automáticamente el sistema le informa del error y le solicita nuevos valores.

- El sistema no acepta valores decimales, suponemos que el usuario ingresa valores de tipo numérico y enteros, el sistema también valida esta información.

- El ingreso de la cédula se encuentra validado solo se podrá registrar un usuario que digite una cédula valida.

- El reporte se genera automáticamente en componentes reports, el usuario no puede modificar los resultados generados por el sistema.

Figura 3.14: Formulario que indica la validación del número de cédula falla que se detectó en las pruebas de caja blanca y negra
Fuente: Captura del sistema

3.6.4.5 Prueba de rendimiento

Se puede decir que el aplicativo funciona a una tasa de rendimiento del 95%, pues es un aplicativo que no consume muchos recursos, no requiere gran cantidad de memoria para su ejecución. El aplicativo funciona de manera operativa, las entradas se aceptan de forma adecuada y las salidas son correctas.

3.6.5 Implementación y mantenimiento

Al terminar todas las fases previas de análisis de software se procedió a ejecutar la implementación del sistema en la Universidad Técnica de Cotopaxi Extensión La Maná, como se indicó previamente en el estudio se tiene previsto ubicar alrededor de 3 puestos de trabajo con el software instalado; el prototipo rfid realizado en esta investigación se encuentra ubicado temporalmente en biblioteca por las facilidades de la ubicación y del computador donde se instaló el software correspondiente, y se tiene previsto ubicar otro más en el departamento de servicios informáticos y un último en bodega que actualmente se encuentra en adecuaciones de cambio de edificio en Bodega lugares que fueron escogidos por Coordinación General previo análisis y aprobación.

3.6.5.1 Requerimientos para producción

Se indica que entre los requerimientos básicos para poder implementar el sistema tenemos los siguientes:

<u>Hardware:</u>

Computador mínimo con procesador Pentium 4
Memoria Ram de 2 gb
Disco duro con espacio de al menos 20 gb para almacenamiento.
Entradas USB 2.0
Lector arduino Rfid-RC522 RF.
Tags con una frecuencia de trabajo de al menos 125 KHz.

<u>Software:</u>

El computador al cual se va a instalar el aplicativo debe tener preinstalado las aplicaciones: Visual Basic.net 2010 o versiones posteriores, y Sql Server 2008 o versiones superiores, drivers para el control de las extensiones de arduino y para la conexión con el Rfid-RC522 RF.

Además como requisitos previos antes de ejecutar el programa debe tener:

- Necesita Net Framework v4.5, SQLSysClrTypes y ReportViewer instalado previamente.

- Debe existir el hardware del lector RFID conectado e instalados sus controladores.

- Debe existir conectividad entre el servidor de la base de datos previamente cargada y los host del sistema.
- La carpeta de reportes del proyecto debe estar copiada en el directorio principal del disco C.

- El programa debe ser ejecutado con permisos de administrador.

Si alguno de los requisitos previos no se cumpliese el sistema no podrá ejecutarse, y por lo tanto habrá un fallo en la ejecución.

Una vez que el sistema se encuentre en fase de operación, se realizarán sobre el mismo diversas tareas de mantenimiento, que en función de su naturaleza se clasifican en correctivos, evolutivos, adaptativos y perfectivos. Estas tareas de mantenimiento serán consecuencia de incidencias y peticiones reportadas por los usuarios y los directores usuarios.

Como se indicó en la fase previa de pruebas tanto en la prueba de caja blanca y negra se pudieron detectar algunas fallas generales de funcionamiento y seguridad que ya fueron corregidas en esta fase de mantenimiento logrando la satisfacción general de los usuarios de la Universidad que ya se encuentran utilizando el aplicativo y que si se presenta alguna otra dificultad técnica o de uso del sistema por fallas técnicas o humanas se procederá asistir ya que se cuenta con la ventaja de que el investigador de esta propuesta trabaja en la institución por lo que se puede dar el servicio solicitado de una manera rápida y directa.

Y se procedió a firmar una carta compromiso de entrega del sistema que se adjunta en esta investigación y un compromiso que se desvincula de responsabilidades al investigador en el caso de que el coordinador general o los usuarios hagan mal uso del sistema.

Además cabe mencionar que se dotó de un manual de usuario general de manejo del software entregado al coordinador general de la Extensión el mismo que facilitará una copia a todo los usuarios autorizados que vayan a utilizar dicho aplicativo.

Figura 3.15: Espacio de oficina donde se instaló el aplicativo y dispositivo Rfid
Fuente: Biblioteca UTC La Maná

Figura 3.16: Espacio de oficina en Servicios informáticos donde se instaló el aplicativo
Fuente: Servicios informáticos UTC La Maná

CONCLUSIONES:

Entre las conclusiones generales tenemos:

- La sistematización constituye un elemento de apoyo tecnológico que cada día es más necesario en todas las empresas o instituciones para su funcionamiento operativo.

- Debido al avance tecnológico, hoy en día el uso de nuevas tecnologías es sumamente importante así que la implementación de este proyecto con el manejo de Tecnología Rfid son aspectos novedosos que mejoraran la gestión operativa Institucional.

- Dentro del amplio campo de las tecnologías inalámbricas, el uso de Rfid se están proliferando debido a las facilidades que prestan en cuanto a instalación y manejo.

- A pesar de la popularidad del manejo de Dispositivos Rfid, una de sus principales deficiencias son los altos costos de implementación, es por ello que la propuesta involucra aspectos relacionados con un prototipo funcional en donde se dotará a la Universidad del sistema general y en los Directivos está el poder mejorar dicha propuesta con la adquisición de equipos más sofisticados que amplíen la cobertura.

- La operatividad institucional cada día está mucho más apoyada en la tecnología informática y especialmente en los controles de inventarios por lo que se espera que esta investigación aporte en mejorar los procesos de localización y registro de los mismos.

RECOMENDACIONES:

- Se recomienda a las autoridades de la Extensión Universitaria dar seguimiento a la operatividad y funcionamiento de este proyecto.

- Se debe realizar una capacitación previa del manejo global el sistema a todos los empleados de la Institución que vayan a manejar dicha herramienta informática.

- La extensión queda en plena facultad de disponer del software y utilizarlo en lo que mejor le convenga siempre y cuando se respete el derecho de autoría y se lo realice solo en beneficio institucional.

- Las autoridades correspondientes sabrán seleccionar y decidir que empleados harán uso del sistema entregado para su empleo correspondiente.

- En caso de necesitar ayuda relacionada al manejo del hardware y software del sistema se recomienda contactar con el autor de esta propuesta.

- Se recomienda tomar muy en cuenta y seguir las indicaciones técnicas del manejo de este sistema adecuadamente para el correcto funcionamiento del mismo.

BIBLIOGRAFÍA:

- Anaya, J. (2013). *Logística Integral: La gestión operativa de la empresa.* Madrid: ESIC.

- Arnoletto, E. (2012). *Administración de la producción como ventaja competitiva.* España: EAE Editorial Academia Espanola.

- Barrios, F. (05 de Noviembre de 2010). *Tecnologías Inalámbricas.* Obtenido de http://elblogdebarrios.blogspot.com/

- Fernandez, R., Ordieres, J., & Martínez, J. (2009). *Redes Inalámbricas de Sensores: Teoría y Aplicación Práctica.* España: Universidad de La Rioja. Servicio de Publicaciones.

- García, B. (2009). *La gestion organizacional en la administración pública.* México: Minotauro.

- Goldratt, E., & Cox, J. (2013). *La Meta: Un proceso de mejora continua.* México: Granica.

- Huidobro, J. M. (2010). *Telecomunicaciones: Tecnologías, redes y servicios.* Madrid: McGraw Hill.

- Intermec. (Julio de 2014). *Intermec.* Obtenido de www.intermec.com/RFID

- López, J. (2008). *Guía de Campo: Wi-fi.* Madrid: Paraninfo.

- Portillo, J. (2007). *CEDITEC - UPM.*

- Portillo, J., Bermejo, A., & Bernardos, A. (2012). *Tecnología de Identificación por Radiofrecuencia (RFID).* Madrid: Fundación Madrid para el conocimiento. Obtenido de www.madrid.org/edupubli

- Bermejo, A. B. (2007). CITIC-UPM.

- Franklin, F. (2008). *Perspectiva Estratégica en Administración.* Madrid: Alfa Omega.

- López, J. G. (2008). *Guía de Campo: Wi-Fi.* México: Alfaomega.

- Manuel, H. J. (2010). *Telecomunicaciones: tecnologías, redes y servicios.* España: RA-MA.

- Martinez, J. R. (2007). CEDITIC-UPM.

- Portillo, J. I. (2007). CEDITEC - UPM.

- Rivera, A. (2011). Sistemas Operativos Moviles: Comunicación en tiempo real. *PC World.*

- Schmalstieg, D. (2007). *Real-time detection and tracking for augmented reality on mobile phones.* Munich Germany.

- Stockman, H. (1948). Communications by Means of Reflected Power. *Proceedings of the IRE.*

- Vignoni, I. J. (2007). *Tecnologías Inalámbricas.* Milan.

- CARBALLAR José, 2010, "Wi-Fi, lo que se necesita conocer", Editorial Alfaomega, México-México, Primera edición.

- GARCIA Alberto, "Redes Wi-Fi", Editorial Anaya Multimedia, Madrid-España, Segunda edición, 2008.

- CABEZAS Luis, GOZALES Francisco "Redes Inalámbricas", Editorial Anaya Interactiva, Madrid-España, Segunda edición, 2009.

LINKOGRAFIA

- Eduardo Jorge Arnoletto "La Gestión Organizacional en los Gobiernos Locales"
  http://www.eumed.net/libros/2010d/777/gestion%20operativa%20o%20gestion%20hacia%20abajo.htm

- Eduardo Jorge Arnoletto y Ana Carolina "UN APORTE A LA GESTIÓN PUBLICA"
  http://www.eumed.net/libros/2009b/550/La%20gestion%20operativa.htm

- http://exa.unne.edu.ar/depar/areas/informatica/SistemasOperativos/Monog SO/REDES02.htm

ANEXOS

ANEXO A: Cuestionario para docentes y alumnos

Pregunta N° 1. ¿Ha utilizado usted la alguna de las tecnologías inalámbricas existentes como el bluetooth o wifi?

SI………   NO……….

Pregunta N° 2. ¿Ha escuchado de las tecnologías inalámbricas rfid y qrcode?

SI………..   NO…….

Pregunta N° 3. ¿Usted alguna vez ha utilizado algún servicio de localización de personas u objetos como el gps?

SI………..   NO…….

Pregunta N° 4. ¿Considera ud que es adecuada o eficiente el manejo de inventarios actualmente en la institución?

SI………..   NO………..

Pregunta N° 5. ¿Está usted de acuerdo con que se dote a la universidad con un sistema de localización de inventarios basados en tecnologías inalámbricas?

SI………..   NO………..

Pregunta N° 6. ¿Considera que la implementación de un sistema de localización de inventarios mejorará la seguridad de los mismos dentro de la institución?

SI………..   NO………..

Anexo B: Guía de entrevista al Coordinador de la Extensión y funcionarios administrativos.

Pregunta N° 1. ¿Tiene conocimientos de lo que son los servicios de localización?

Pregunta N° 2. ¿Considera usted que la implementación de Sistemas de localización empleando tecnologías inalámbricas en la Universidad Técnica de Cotopaxi Extensión La Maná mejorará la localización de los diferentes activos?

Pregunta N° 3. ¿Qué beneficios cree Ud. Que obtendrá la Institución con esta Implementación?

Pregunta N° 4. ¿Cree que con este servicio mejore el nivel de seguridad de los recursos como inventarios en las diferentes oficinas que existen dentro de la institución?

Pregunta N° 5. ¿Considera que los empleados, docentes y alumnos se adaptaran al uso de este tipo de tecnología?

AUTORIZACIÓN

El suscrito, Lcdo. Ringo John López Bustamante Mg.Sc. Coordinador Académico y Administrativo de la Universidad Técnica de Cotopaxi, extensión La Maná, en atención al oficio presentado el día 15 de enero del 2014 por el Ingeniero Peñaherrera Acurio Wilson Patricio, portador de la cédula de ciudadanía N° 180333733-4, en el que solicita la autorización respectiva para desarrollar su tesis de Maestría en Informática Empresarial con el tema "SERVICIOS DE LOCALIZACIÓN BASADA EN TECNOLOGÍAS INALÁMBRICAS PARA LA GESTIÓN OPERATIVA DE INVENTARIOS DE LA UNIVERSIDAD TÉCNICA DE COTOPAXI EXTENSIÓN LA MANÁ", se procede a aceptar la petición del mencionado profesional, para lo cual debe regirse a las normas académicas establecidas por esta institución de educación superior.

Particular que comunico para fines pertinentes

ATENTAMENTE

"POR LA VINCULACIÓN DE LA UNIVERSIDAD CON EL PUEBLO"

La Maná, enero 16 del 2014

Lcdo. Mg.Sc. Ringo López Bustamante
COORDINADOR DE LA EXTENSIÓN
Universidad Técnica de Cotopaxi - La Maná

RLB/eas

CERTIFICACIÓN

El suscrito, Lcdo. Ringo John López Bustamante Mg.Sc. Coordinador Académico y Administrativo de la Universidad Técnica de Cotopaxi, extensión La Maná, Certifico que el Ingeniero Peñaherrera Acurio Wilson Patricio, portador de la cédula de ciudadanía N° 180333733-4, desarrolló de manera adecuada su tesis de Maestría en Informática Empresarial con el tema "SERVICIOS DE LOCALIZACIÓN BASADA EN TECNOLOGÍAS INALÁMBRICAS PARA LA GESTIÓN OPERATIVA DE INVENTARIOS DE LA UNIVERSIDAD TÉCNICA DE COTOPAXI EXTENSIÓN LA MANÁ", actividad que la realizó en el periodo comprendido entre 17 de enero del año 2014 y el 21 de agosto del 2015, para lo cual recibio las facilidades requeridas para la ejecución de su investigación.

Particular que comunico para fines pertinentes

ATENTAMENTE

"POR LA VINCULACIÓN DE LA UNIVERSIDAD CON EL PUEBLO"

La Maná, septiembre 29 del 2015

Lcdo. Mg.Sc. Ringo López Bustamante
COORDINADOR DE LA EXTENSIÓN
Universidad Técnica de Cotopaxi - La Maná

RLB/eas

ANEXO 1: Fachada Principal de la Universidad Técnica de Cotopaxi Extensión La Maná

ANEXO 2: Puesto de trabajo en Secretaria

ANEXO 3: Espacio de oficina donde se ubicará el dispositivo Rfid

ANEXO 4: Bienes de la Institución

ANEXO 5: Archivos de Secretaria en donde se pueden ubicar Tags para el control de documentación

ANEXO 6: Biblioteca en donde se pueden ubicar Tags para el control de documentación.

ANEXO 7: Lector Rfid listo para la lectura de tags correspondiente

ANEXO 8: Equipo Rfid conectado al computador listo para las pruebas respectivas

MANUAL DE USUARIO

"SERVICIOS DE LOCALIZACIÓN BASADA EN TECNOLOGÍAS INALÁMBRICAS PARA LA GESTIÓN OPERATIVA DE INVENTARIOS DE LA UNIVERSIDAD TÉCNICA DE COTOPAXI EXTENSIÓN LA MANÁ"

REQUISITOS ANTES DE EJECUTAR EL SISTEMA

- ❖ Necesita Net Framework v4.5, SQLSysClrTypes y ReportViewer instalado previamente.
- ❖ Debe existir el hardware del lector RFID conectado e instalados sus controladores.
- ❖ Debe existir conectividad entre el servidor de la base de datos previamente cargada y los host del sistema.
- ❖ La carpeta de reportes del proyecto debe estar copiada en el directorio principal del disco C.
- ❖ El programa debe ser ejecutado con permisos de administrador.

Nota: Si alguno de los requisitos previos no se cumpliese el sistema no podrá ejecutarse, y por lo tanto habrá un fallo en la ejecución.

INGRESO AL SISTEMA

Se inicia el sistema con los permisos de administrador y se espera la carga del mismo.

Luego en la ventana de inicio de sesión se puede ingresar con el código de usuario y la clave registrada. En caso de no tener usuarios registrados en la base de datos se procederá a ingresar con el usuario **admin** y contraseña **admin**.

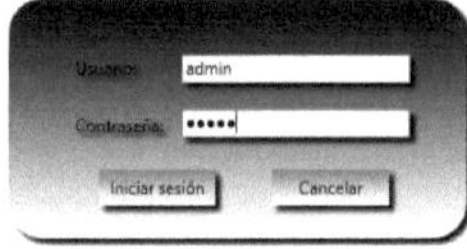

CONSULTAS

Dentro de la pestaña consultas podremos realizar consultas de todas las entidades que intervienen en el sistema.

Consulta de estudiantes y docentes

Al hacer clic en el botón **Estudiante** aparecerá un cuadro de dialogo en el cual podemos ingresar la cedula del estudiante o docente del cual consultaremos los datos registrados.

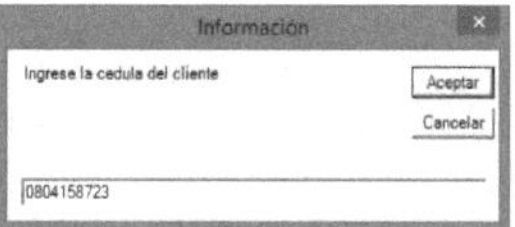

Posteriormente aparecerán los datos del estudiante o docente consultado, en caso de no existir la cedula registrada se visualizara un mensaje indicando que el estudiante o docente no existe en la base de datos.

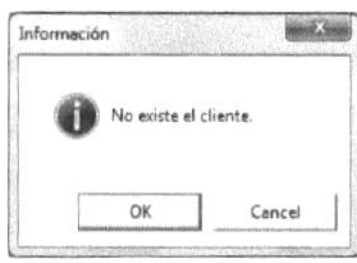

Consulta de empleados

Al hacer clic en el botón **Empleado** aparecerá un cuadro de dialogo en el cual podemos ingresar la cedula del empleado del cual consultaremos los datos registrados.

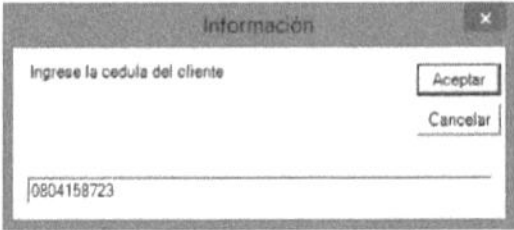

Posteriormente aparecerán los datos del empleado consultado, en caso de no existir la cedula registrada se visualizara un mensaje indicando que el estudiante o docente no existe en la base de datos.

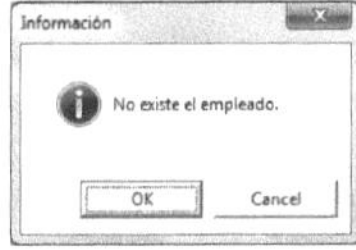

Consulta de activos

Al hacer clic en el botón **Activo** el programa interactúa con el lector RFID, acercando la tarjeta al lector nos mostrara los datos registrados. Posteriormente aparecerán los datos del activo consultado, en caso de no existir el código de la tarjeta registrado en el sistema se visualizara un mensaje indicando que el activo no existe en la base de datos.

Consulta de transacciones

Al hacer clic en el botón **Transacciones** aparecerá un cuadro de dialogo en el cual podemos ingresar el código de la transacción el cual consultaremos los datos registrados.

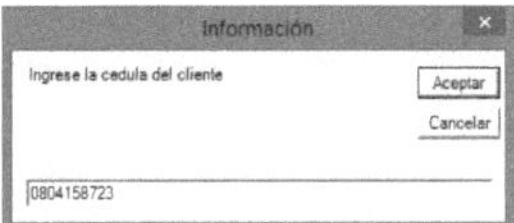

Posteriormente aparecerán los datos la transacción, en caso de no existir el código registrado se visualizara un mensaje indicando que la transacción no existe en la base de datos.

INGRESO Y MODIFICACIÓN DE ENTIDADES

En la pestaña de **Administración** se podrá realizar ingreso y modificación de las entidades de estudiantes, docentes, empleados y activos.

Ingreso de docentes o estudiantes

En la ventana de **Ingreso de estudiantes o docentes** se deben llenar los campos más indispensables como son: cedula, nombre, apellido, tipo.

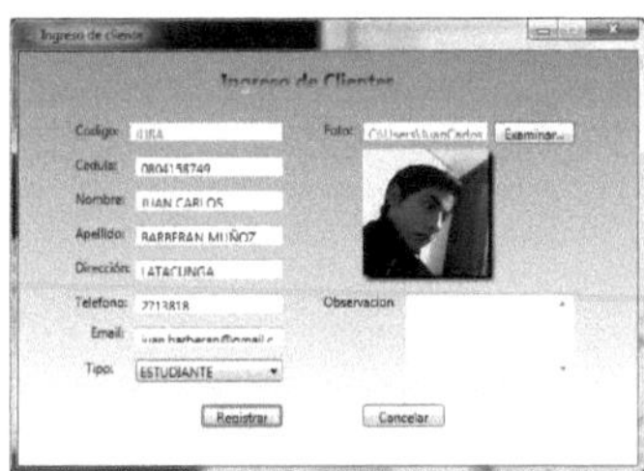

Ingreso de empleados

En la ventana de **Ingreso de Empleados** se deben llenar los campos más indispensables como son: cedula, nombre, apellido, cargo, estado.

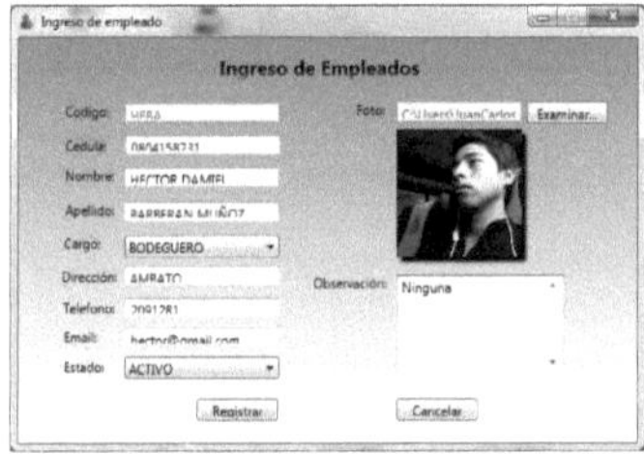

Ingreso de activos

En la ventana de ingreso de activos se deben llenar los campos más indispensables como son: nombre, marca, modelo, serie, ID. El campo ID se llenara automáticamente, acercando la tarjeta al lector RFID.

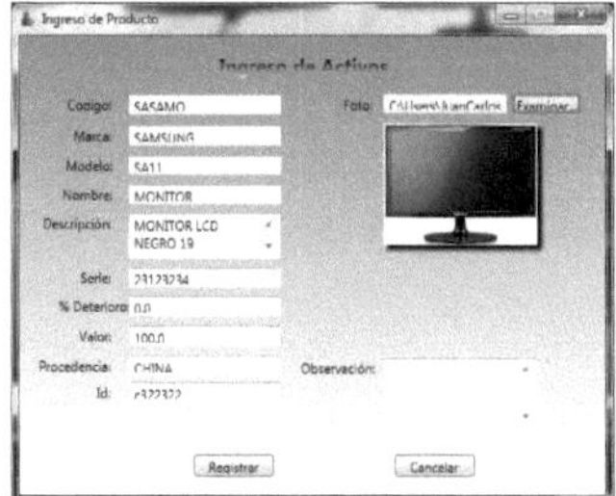

Modificación de entidades

Al hacer clic en cada botón de **Modificación** de las entidades aparecerá un cuadro de dialogo en el cual se ingresa la cedula del estudiante, docente o empleado, o el código del activo. En caso de existir el registro aparecerá la ventana de modificación con los campos habilitados para la modificación.

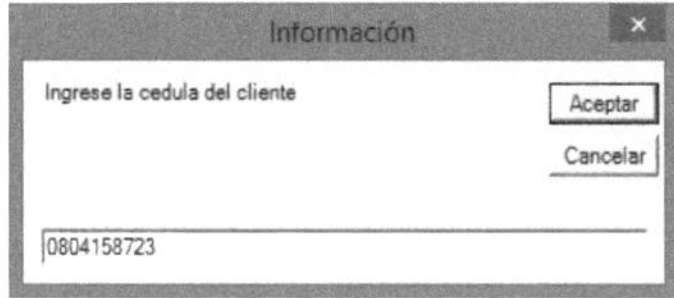

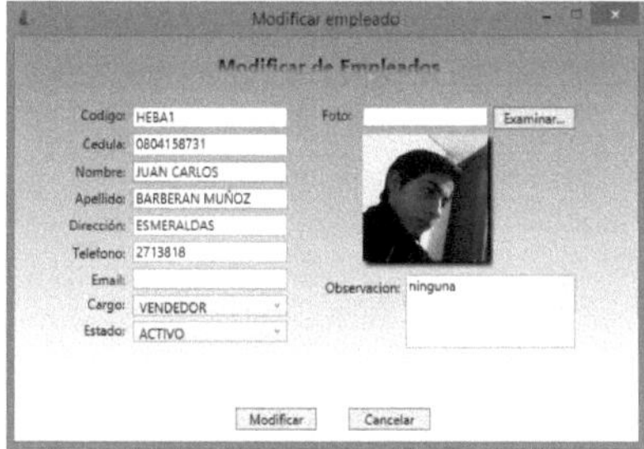

ESTADÍSTICOS

Los diferentes estadísticos muestran datos particulares de interacción a través del proceso de préstamos de activos entre las entidades.

El botón **Préstamos** muestra la cantidad de activos prestados en los últimos 12 meses.

El botón **Estudiante** muestra los 10 estudiantes o docentes que han prestado activos en mayor cantidad, esto ordenado en forma descendente.

El botón **Activos** muestra los 10 activos más prestados en general.

El botón **Empleados** muestra los 10 empleados a los cuales se les solicita mas para las transacciones o procesos de préstamos.

PRÉSTAMOS

En la ventana de préstamos podremos realizar el proceso de préstamo de activos.

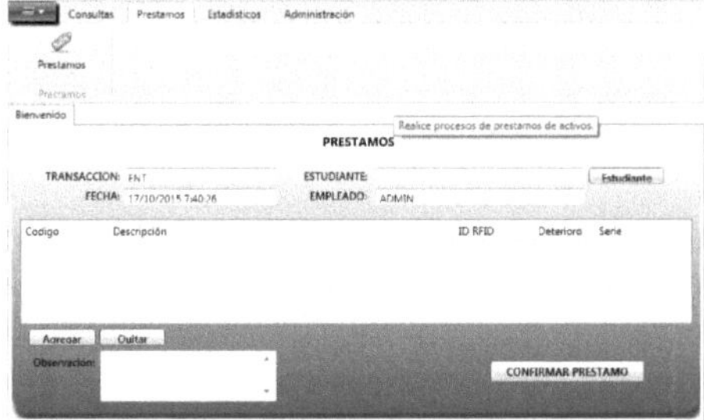

En primera instancia se debe escoger un estudiante, el cual se podrá escoger del listado que aparecerá al hacer clic en el botón **Estudiante**.

Luego se añadirán activos, estos aparecerán en la tabla inferior. Para añadir activos para el posterior préstamo, se podrá realizar de dos maneras: 1) Al hacer clic en el botón **Añadir** y escoger el activo del listado. 2) Acercando la tarjeta al lector RFID para identificar el activo y colocarlo en la tabla.

Finalmente se confirma el préstamo con el botón **CONFIRMAR PRESTAMO**

DESCRIPCIÓN DE CADA UNO DE LOS FORMULARIOS DEL SISTEMA

Pantalla Inicial

Esta es la primera pantalla que encontrará el usuario al abrir el programa, en ella el usuario autorizado tendrá que autentificarse con su usuario y contraseña respectiva para poder ingresar al sistema.

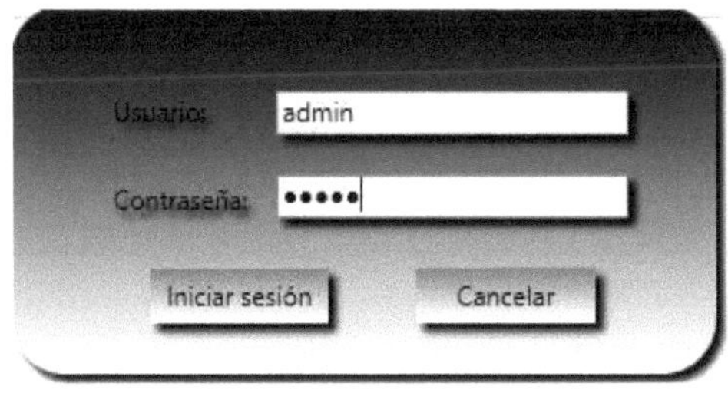

Pantalla Principal de autentificación del sistema
Fuente: Captura tomada del sistema

Módulos Generales del Sistema

A continuación se procede a describir cada uno de los módulos que componen el sistema general de control de inventarios con sus respetivas capturas de pantalla de su respectivo funcionamiento.

Pantalla Principal del Sistema

Después de la autentificación correspondiente se accede al formulario principal en donde encontraremos los menús principales: Consultas, Préstamos, Estadísticos y Administración.

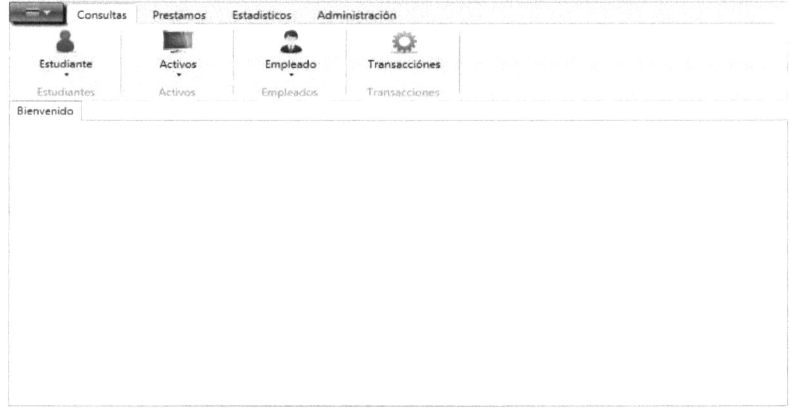

Pantalla Principal de control

Fuente: Captura tomada del sistema

Menú Administración

Este menú del sistema se encarga del control general de ingreso, registro y modificación de estudiantes, empleados, docentes y activos de la Institución, datos que directamente se actualizarán en la base de datos respectiva.

Menú de Administración

Fuente: Captura tomada del sistema

Menú Ingreso de clientes

En este menú se podrá ingresar los usuarios nuevos al sistema de control de inventarios que puede ser un estudiante o a su vez un docente que son los usuarios que solicitan los bienes de la Institución, en la imagen 3.11 se observa un usuario ingresado como Docente y su respectivo registro.

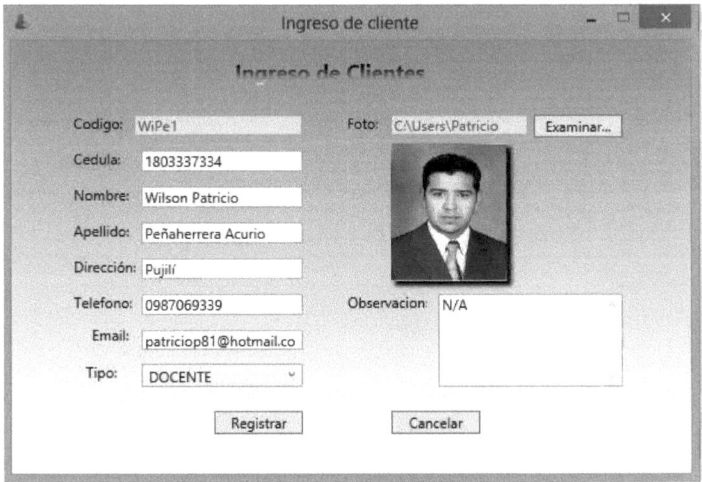

Menú de Ingresos de usuarios
Fuente: Captura tomada del sistema

Registro de usuario
Fuente: Captura tomada del sistema

Menú Ingreso de Empleado

Muy similar al menú de ingreso de clientes pero en este formulario se registra los empleados a utilizar el sistema a su vez en estado puede ser un empleado activo o pasivo.

Registro de Empleado
Fuente: Captura tomada del sistema

Menú Ingreso de Activos o Bienes

Este menú se encarga del proceso de registro nuevos o usados el cuál es controlado con el léctor rfid y los respectivos tags de lectura que se ubicaran en los bienes recibidos y entregados, como se puede observar en la Figura 3.14 en el campo Id. Queda registrado la identificación del tag que automáticamente es leída por el lector y escrita en el software correspondiente pudiendo tener un control de los mismos.

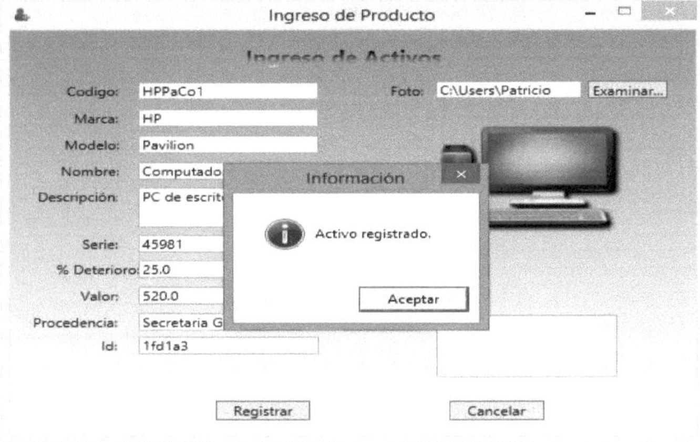

Confirmación de registro del bien

Fuente: Captura tomada del sistema

Registro de bienes utilizando los respectivos tag y lector respectivamente

Fuente: Captura tomada del sistema

Menú Consultas

En este menú se procederá hacer las consultas respectivas sobre los datos ingresado en el sistema que pueden ser clientes, empleados y artículos ingresados, como se puede observar:

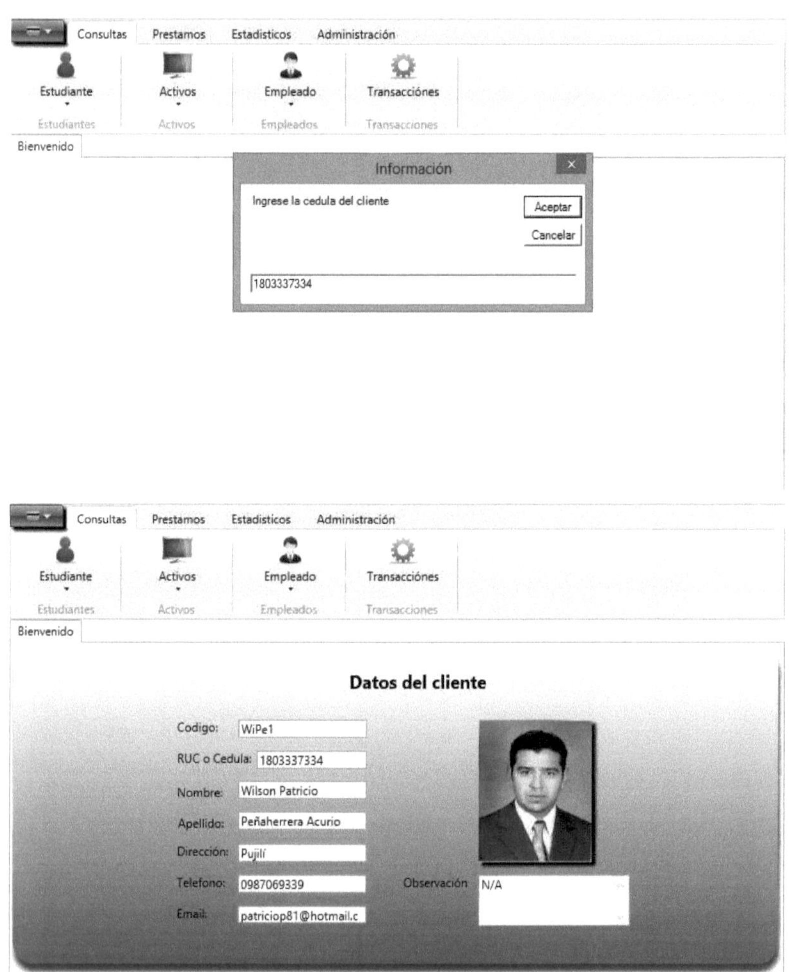

Consulta de un usuario con su número de cédula

Fuente: Captura tomada del sistema

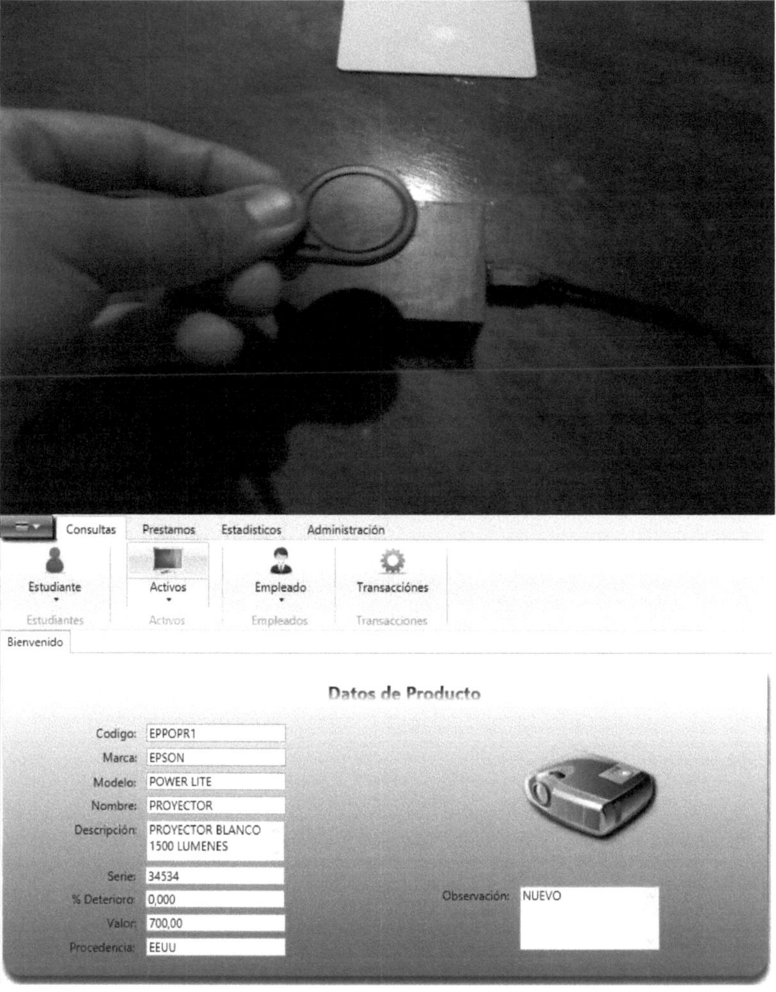

Consulta de un bien utilizando su Tag previamente almacenado

Fuente: Captura tomada del sistema

Menú Préstamos

En este menú se realiza el registro de los bienes prestados y que son solicitados por cualquier usuario sea este estudiante o profesor como se puede observar en el gráfico respectivo:

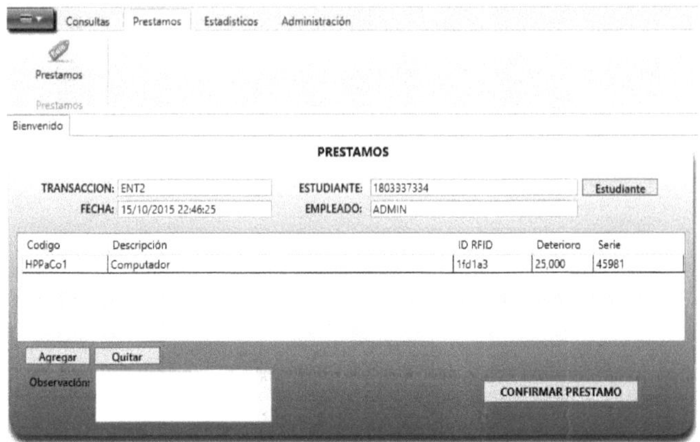

Registro de préstamo de un bien en este caso un computador

Fuente: Captura tomada del sistema

Generación de Reportes

Una vez que se confirma el préstamo requerido automáticamente el sistema genera el reporte respectivo para poder imprimirlo y archivarlo.

Reporte del préstamo respectivo

Fuente: Captura tomada del sistema

Menú Estadístico

Por último el sistema cuenta con este menú que se encarga de facilitar un gráfico estadístico de los bienes prestados para llevar de forma gráfica los datos del sistema y poder valorar que bienes son los que más son pedidos.

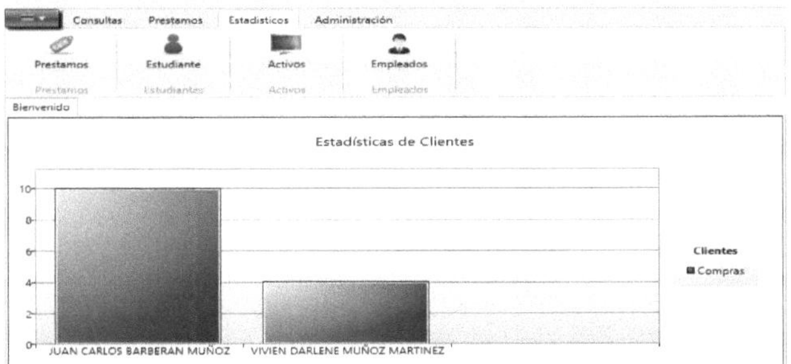

Cuadro estadístico de los clientes

Fuente: Captura tomada del sistema

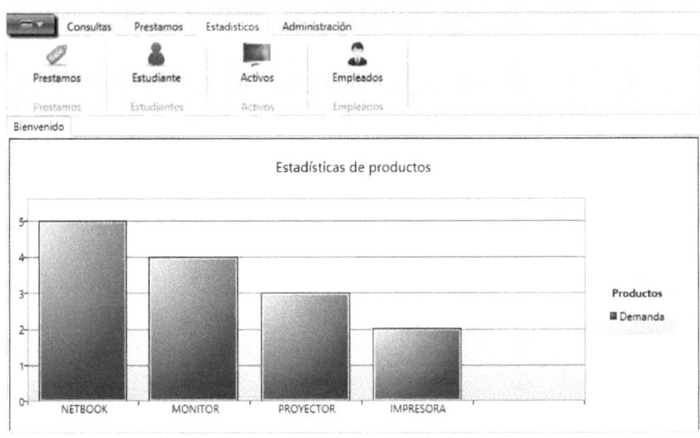

Cuadro estadístico de los Productos prestados

Fuente. Captura tomada del sistema

Printed by Books on Demand GmbH, Norderstedt / Germany